激動の時代を生きた

軍人たちの決断

有馬桓次郎 著

イカロス出版

はじめに

戦争とは数理の激突である、という言葉があります。

兵器の性能やその操法、戦争指導や戦術・戦略・作戦術、物資の集積やその供給——あらゆるものが数値化され、定理をもって導き出した幾つもの解答の中から一つの最適解を選び取り、互いの最適解を比較してより大きな数字を提示した方が勝利する。

それは、戦争という歴史的事象がどこまでも現実の延長線上にある究極のリアリズムの中で行われることを表現し、またある一面において真理を突いた言葉であることは間違いありません。

ですが、時として戦争では数理だけでは測れない状況も生まれます。単なる数字の比較であるならば自ずから結果は一つに絞られるはずが、まるで運命のルーレットが気まぐれを発揮するように予想外の結末をはじき出すのです。

それは戦争もまた人間の行動によって行われるものであり、人間個々の能力、思想、思考、性格、その他の定量化できない要素によって、万華鏡の光像のごとく混沌とした状況が作り出されるために他なりません。

言い換えれば戦争とは、数理によって導き出された完璧なまでの解答に対して、不完全で不均一な人間という存在が生命を賭して挑戦し続ける一大叙事詩といえるのかも知れません。

はじめに

本書は、イカロス出版が発行する季刊誌『ミリタリー・クラシックス』の連載記事「ミリタリー人物列伝」のうち、Vol.44〜Vol.80までの原稿に、書き下ろし分を加えて一冊にまとめたものです。健筆を振るわれながら惜しくも逝去された故・日野景一氏より本記事の主筆を託され、以来十三年にわたって多くの軍人の生涯を綴り続けてきました。

本書では、日清・日露戦争、第一次世界大戦、そして第二次世界大戦といった二十世紀の戦争において、特に顕著な功績のあった軍人達を国家・階級の別なく取り上げています。戦史の描写は必要最小限にとどめ、一人の軍人として彼らがどのように成長したか、戦場において彼らが下した決断とは、そして決断の結末とその後の人生は――すなわち「人間の物語」に、可能な限りフォーカスを当てて紹介しています。

戦争という歴史的ページェントの只中で、彼らは如何に運命と抗い続けたのか。その姿は、現代に生きる我々にも日々の指針や人生の教訓となりうる多くのヒントを提示してくれることでしょう。

読者の皆様にとって本書がその手掛かりとなってくれることを、筆者として心から願っています。

二〇二三年五月吉日　有馬桓次郎

目次

写真：国立公文書館、U.S. National Archives & Records Administration(NARA), Imperial War Museum (IWM), Bundesarchiv, SA-kuva, public domain 他

第一章●日本陸軍／海軍の軍人

空戦で片脚を失うも不屈の闘志で舞い戻った〝鉄脚のエース〟

檜與平(ひのきよへい)少佐

日本陸軍

「隻脚のエース」あるいは「鉄脚のエース」の異名で知られる檜與平少佐。総撃墜数は12機と言われるが、その中にはP-51やP-38といった手強い戦闘機だけでなく、四発重爆B-24も含まれている

熾烈な空戦で右脚を失い、辛くも生還

昭和18年（1943年）11月27日。その日、ビルマの空は真綿をちぎったような断雲が雲母のように煌めいていたという。

アキャブ上空を敵戦爆連合100機が南進中との報告を受け、ラングーン・ミンガラドン飛行場の飛行第六十四戦隊に迎撃命令が下ったのは午前9時過ぎのことである。出撃したのは一式戦闘機「隼」7機、二式単座戦闘機「鍾馗（しょうき）」1機のわずか8機のみ。指揮官は3日後に進級を控えた檜與平中尉だった。

高度7000m。敵の大編隊に、8機は果敢に襲いかかった。敵戦闘機は部下に任せ、単身で爆撃隊攻撃へと向かう檜だったが、すでに投弾を終えて海上へと避退する爆撃隊になかなか追いつけない。250kmほど沖合に出てようやく2機のB‐24爆撃機と接敵した檜は、攻撃を反復して1機を撃墜する。

続いて残る1機のB‐24に反航攻撃をかけ、左翼エンジン1基を停止させることに成功。撃墜を確実なものとするために反転しようとした瞬間、彼の一式戦を強烈な衝撃が襲った。死角から忍び寄ってきたP‐51戦闘機が、機体下方から奇襲を加えてきたのである。何とかP‐51の襲撃から逃れ、陸地へと機首を向けた檜だったが、自らの身体を確認して愕然とする。右足の膝から下、およそ四分の三ほどが吹き飛ばされていたのだ。

戦死した上官の奥方から贈られたマフラーで太股を縛り付け、失血に遠のく意識を何とか繋ぎ止めながら、檜は陸地へ向かって飛んだ。

「第二次大戦最優秀戦闘機」との呼び声も高い、米陸軍のP-51ムスタング。檜の一式戦を襲ったのは写真と同じ初期型のA型で、第530戦闘飛行隊ロバート・F・マールホレム少尉機とされる

——檜、こんなところで不時着しちゃいかんぞ。何としても基地まで戻れ！

自爆を考えるたびに、力強い加藤戦隊長の声が耳元で響く。

そんなはずはない、彼が敬愛してやまない加藤建夫中佐は、1年前の5月に同じベンガル湾で散華したのだ。しかし左前方を見ると、見間違えようのない戦隊長機が自分を先導している。こちらを励ますように操縦席で手を振るのは、加藤戦隊長の剽悍（ひょうかん）な姿だった。ほとんどの計器が破壊されて機位も定かではない檜は、かつてのように戦隊長機の右後方について、必死に追従し続ける……。

——どれほどの時間が経っただろうか。ふと周囲を見ると、いつの間にか戦隊長機の姿が無い。あわてて見回した檜は、そこがビルマ南部の町バセイン上空だと知る。ラングーンにはこのまま東へ真っ直ぐ飛び続ければいい。

「足はなくとも飛行機に乗った男はいる。義足をつけてでも、俺は絶対に戦闘機乗りとして空へと戻ってくるぞ！」

その決意を胸に、檜はラングーンへの最後の行程を駆け抜けていった。

この日を境に、彼にとって思い出深き六十四戦隊での日々は終わる。つらく苦しいリハビリを乗り越え、〝鉄脚のエース〟として檜が再び戦いの大空へと舞い戻るのは、それからちょうど1年後のことである。

P-51初撃墜の壮挙

檜與平は大正8年（1919年）12月25日、徳島県に生まれた。昭和11年（1936年）、陸軍士官学校予科に入校。2年後の兵科選定で航空兵を志願し、昭和15年に陸軍航空士官学校（53期）を卒業する。

航空兵として第一歩を記した檜は、当時は満州に駐屯していた飛行第六十四戦隊に配属された。ここでノモンハン以来の古参パイロット、坂井菴（いおり）少佐から徹底的にしごかれたが、幼少以来の「負けじ魂」で激烈な訓練を乗り越え、やがて後に撃墜王(エース)として花開く、卓越した空戦技量を身につけていく。

初戦果は開戦のその日、昭和16年（1941年）12月8日。六十四戦隊はコタバル上陸作戦の上空援護を命じられ、檜は来襲したブレニム軽爆撃機を共同撃破した。戦隊長である加藤建夫少佐の僚機となったため、その後しばらくスコアは追加されなかったが、マレー戦終盤のシンガポール上空においてハリケーン戦闘機2機を撃墜し『加藤隼戦闘隊』の一翼たることを証明する。

昭和17年（1942年）4月10日。ビルマ北部攻撃に向かった六十四戦隊の一式戦9機は、ローウィン上空で米義勇航空隊のP－40C戦闘機の編隊と遭遇。檜は8機撃墜のエース、ロバート・スミス中尉のP－40Cから滅多打ちされ、左腕と大腿部に重傷を負ってしまう。被弾21発、1発は背中の落下傘縛帯に食い込んで九死に一生を得る危うさだった。

ビルマ上空での六十四戦隊の戦いは、まさに凄絶の一言に尽きる。無限の如く湧き出てくる敵航空隊を前にして、六十四戦隊は寡勢ながら終始優位に戦いを進め、ついにはビルマの制空権を一時的ながら奪うことに成功した。

だが、連日の空戦で六十四戦隊の疲労は頂点に達し、次々と熟練搭乗員が失われていった。5月22日には加藤戦隊長がベンガル湾で自爆し、僚機でありながらデング熱で出撃できなかった檜はその報に大いに嘆いたという。

出撃に次ぐ出撃の日々の中で、やがて檜は六十四戦隊でも指折りのパイロットとして成長していく。雨期を挟みながら一進一退の死闘となったビルマ航空戦の中で、檜は中隊長として部下を指揮しながらスコアを重ね、今やトップエースの一人として押しも押されもせぬ存在となっていた。

昭和18年11月25日、檜は一つの記録を打ち立てる。部下を率いて哨戒中、侵入してくる敵7機を発見。ただちに急上昇した檜は奇襲を敢行し、その内の1機を撃墜する。さらに部下達も5機を撃墜破し、この空戦を完勝で飾った。

話はそれだけで終わらなかった。この7機の敵機は、米軍が太平洋において初めて実戦投入した新型戦闘機、P－51Cムスタングだったのである。彼はP－51初見参のその日に、そして日本軍として初めて、P－51を撃墜したのだ。

「性能の違いを克服してよくぞ敵を屠(ほふ)ってくれた。心から礼を言う」

司令部からやってきた航空参謀の労いの言葉にも、檜の心は晴れなかった。実際に手合わせした感覚では、P－51と一式戦の機動性は歴然としており、一方で我が方の搭乗員は連日の出撃で疲れ切っていて、その前途に暗雲が立ちこめているように思えてならなかった。そして檜の予感はこの2日後、自らの身に降りかかる形で現実のものとなる。

義足をつけて復仇を果たす

ビルマから本土へと帰還した檜を待っていたのは、地獄のような日々であった。

義足をつけるには切断面の肉から骨を剥き出し、ささくれた部分を丸く削らなければならない。例え麻酔をかけていても、ヤスリで削られると焼け付くような激痛が走る。

傷が癒えると、いよいよ歩行訓練の開始だ。まずは残った左足の筋力をつけるため、何kmもの距離をケンケン足で進む。十分な筋力がついたら、義足をつけて一歩、また一歩と歩き方を思い出すように進んでいく。足を下ろす度に傷口に電撃のような痛みが走り、皮が破れ肉が裂け、右足を包む包帯が出血で真っ赤になる——。

当初、檜の飛行復帰は絶望的と見られていた。しかし檜は文字通り血の滲む1年間をくぐり抜け、ついに昭和19年（1944年）11月に明野教導飛行師団（明野飛行学校から改編）の教官として大空へ返り咲いたのである。恩師である坂井少佐から記念に貰った飛行帽をかぶり、九七式戦闘機を駆って再び空を舞ったときの感動はどれほどのものだったろうか。

右足を失ってなお、檜の技量はずば抜けていた。吹き流しへの標的射撃では明野始まって以来という高得点を叩き出し、義足故に彼の技量を疑っていた他の教官や学生達の度肝を抜いた。あらゆる高等飛行もそつなくこなし、ビルマ時代の腕を今も変わらず維持し続けていた。

昭和20年（1945年）7月16日。中京地方に敵小型機来襲の報を受け、明野教導飛行師団から優秀者を抽出して編成された第一教導飛行隊（※）に迎撃命令が下った。その第二大隊長として、檜は五式戦闘機を駆って出撃する。

檜が義足での撃墜戦果を挙げた2日後、昭和20年7月18日に明野教導飛行師団第一教導飛行隊を基幹として編成された、飛行第百十一戦隊所属の五式戦。戦隊マークは旧・明野教導飛行師団と同じデザインで白い八咫鏡（やたのかがみ）の中に「明」の字

彼我の戦力差10：1という圧倒的劣勢の中、第一教導飛行隊は果敢に戦った。右足の踏ん張りが利かない檜は20mの至近距離まで近寄って射撃を加え、ジョン・ベンボウ大尉が駆るP-51Dを一撃で撃墜する。それは日本陸海軍を通して唯一の、義足パイロットによる敵機撃墜の大記録であった。

檜與平は平成3年（1991年）に天寿を全うした。生前の彼が語っていた言葉は、この稀代のエースが如何なる気概をもって大空を舞っていたかを我々に伝えている。

「最後の勝利を信じて私は戦い続け、右足を切断せられてもなおかつ屈せず、勇気百倍して惜しみなく戦った（中略）戦争はいやなことであるが、国を挙げて戦わねばならない事態が来たならば、私はいまでも操縦桿を握って、祖国防衛の第一線に馳せ参ずる気魄を持っている」

※　檜の著書『つばさの血戦』では飛行第二十集団の第二大隊となっているが、第二十戦闘飛行集団の編合は昭和20年7月18日であり、ここでは編合前の部隊名とした。

腐らない実直さ、旺盛な研究心、前例にとらわれない発想力、臨機応変さ、決然たる行動力

大胆不敵な夜間奇襲を成功させたサムライ戦車隊長

島田豊作（とよさく）中佐

日本陸軍

「戦車による夜襲」という常識はずれの作戦で、堅固なスリム陣地帯の突破に成功した島田豊作中佐（最終階級、マレー戦当時は少佐）。戦後、自身の戦記『サムライ戦車隊長』を著している

不本意な転属辞令

『11月1日付、島田少尉を独立守備歩兵第九大隊付に補せらる』

昭和9年（1934年）11月。戦車第二連隊に将校学生として派遣されていた島田豊作少尉は、原隊からの予想外の辞令に目を白黒させていた。

明治45年（1912年）3月31日生まれ、群馬県出身。陸軍士官学校（45期）を卒業後、歩兵第十七連隊で熱河作戦に参加している。その後、戦車将校の増員を図る陸軍の方針に従い、形式的には歩兵第十七連隊所属のままで、戦車第二連隊にて戦車用法を学んでいたのだ。

将来は日本戦車部隊の第一線に立つべしと定められたはずの人生のレールが、ここにきて満州の鉄道警備に就けとはいかなることか。その辞令は彼にとっても、また彼の将来に期待していた周囲の者にとっても、まさに青天の霹靂（へきれき）であった。

「そんな馬鹿なことがあるものか。島田少尉は戦車将校として教育中であり、その身柄は戦車第二連隊にあるも同然だ。辞令の取り消しを要望する！」

しかし、将校人事は天皇の名のもとに下される不可侵のものであり、一度下った辞令は取り消しや変更はできないのが習わしだ。

後に、この辞令は歩兵第十七連隊の隊内に希望者がおらず、困り果てた人事係が隊外派遣中の島田少尉を本人の同意無く選んだことが判明する。だが、二つの連隊の板挟みに疲れ果てた島田は従容としてこの辞令に従ったのである。

満州での匪賊（ひぞく）討伐

独立守備歩兵第九大隊は、吉林を拠点として鉄道線の警備と周辺の匪賊討伐を任務とする部隊だった。勤務は常に戦時体制で、毎日のように匪賊との戦闘が繰り返される、辛く厳しい任地である。

ある時は、近隣の集落を巡察中だった島田率いる17名の部隊が、約200名の匪賊の包囲に遭うという危ない場面もあった。満州赴任後は『守備隊勤務の参考』『小部隊の戦闘指揮法』『治安工作大綱』といった本土では見たこともない研究図書をむさぼり読んでいた島田は、その知識をもとに部下を指揮し、ついには援軍到着までの3日間を耐え抜いたのである。

さらに昭和13年（1938年）3月、島田は東満国境の第二国境守備隊へ転属となる。ウスリー川を隔ててソ連領イマンの町を望むこの地では、対ソ戦を睨んで兵力の増強と国境沿いの要塞化が着々と進められていた。戦車乗りとして攻撃の要たるべく訓練を重ねてきたはずが、ついには満ソ国境でスコップ片手に穴掘り稼業である。運命の流転に島田は苦笑するしかなかったが、腐ることなく部下と共に築城作業に精を出した。

防御戦とは、常に敵よりも劣勢という状況で始まる。兵力の少なさは地形の利や堅固な陣地で補い、反撃開始までの時を稼がねばならない。

島田は、寝る間を惜しんで防御戦の研究に没頭した。防御火網の形成、対戦車障害の配置、相互に支援しつつも独立して戦闘を維持できる陣地の設定と偽装……それらは従来の士官教育では軽視されていたものだ。しかし島田は、国境守備隊での毎日の中で、それら貴重な知識を実地に学ぶ機会を得たのである。

一度得た人生の経験は、それがたとえ意図せざるものであっても、どこでどのように作用するか判らない。その年の12月、島田は戦車第八連隊の中隊長としてようやく戦車将校に復帰するが、独立守備隊での歩兵戦闘の経験と、国境守備隊で得た陣地構築の知識は、後のマレー戦において彼を「サムライ戦車隊長」として勇躍させる原動力となる。

堅陣突破の秘策を提言

昭和17年（1942年）1月。島田は九七式中戦車15輛を擁する戦車第六連隊第四中隊長としてマレー半島にいた。太平洋戦争の開戦と共にシンゴラに上陸してから、約1カ月。堅陣「ジットラ・ライン」を突破した日本軍だったが、守るに易く攻むるに難いマレー半島の地勢が行く手を阻み、島田の戦車隊も自慢の快速を活かせない状況にあった。

南へ向かう街道は事実上1本しかなく、そこから少しでも外れるとジャングルが視界を覆いつくす。行く手には大小250以上もの橋があり、英軍はその多くに爆薬を仕掛け、要所に部隊を配置した遅滞戦術で対抗していた。

特に、半島中央部の高地を貫いてクアラルンプールに至る長隘路は難所中の難所で、英軍はトロラク～スリム間に7重もの陣地帯を築いて待ち構えていたのである。

島田は、かつて独立守備隊で得た経験と、国境守備隊で学んだ陣地戦の知識を総動員しながら、このスリム陣地帯をいかに最小限の損害で突破できるか考え抜いた。当初の予定通り、昼間に歩兵を突撃させるだけでは多大な出血をともなうだろう。たとえ一つの陣地線を突破できたとしても、敵は悠々と第二、第三の陣地線に後退して抗戦を続けるに違いない。すべてを攻略するのに、一体どれほどの時間が浪費され損害が累積していくだろうか……。

島田は、スリム攻略を担当する安藤支隊の安藤忠雄大佐に一つの秘策を進言する。

「今夜、戦車によって敵陣地を突破しておき、主力は明日朝からこれを追及する方が良いと考えます。その

マレー攻略戦では第二十五軍主力が昭和16年（1941年）12月8日、タイ領シンゴラに上陸し、マレー半島の西側を南進した。英軍はスリム前面に縦深6km、大小7線から成る陣地帯を設けていたが、島田戦車隊の夜間急襲によって、この陣地帯は2日ともたず陥落してしまった

ために最も勇敢な歩兵と工兵の手配をお願いします。対戦車障害と速射砲が待ち構える陣地に昼間攻撃をかけても望みはありませんが、夜間なら勝算はあります。必ずやあの陣地帯を突破してご覧に入れます」

島田のこの進言は、通った。島田中隊に加えて軽戦車3輌、さらに歩兵と工兵あわせて100名を加えて諸兵科連合部隊となった島田戦車隊は、1月6日午後11時を期して敵陣への進撃を開始する。

スリム殲滅戦での勝利

まずは工兵が鉄条網を切り開き、その先に並べられた対戦車障害を爆薬で吹き飛ばした。その爆音を合図に、島田隊は一列隊形で敵陣へ乗り込んでいく。発砲炎で位置を掴まれるのを防ぐため、先頭車を除いて機関銃射撃は禁止されていた。

「各、カク、カク(※)。時速8キロ、無灯火、車間距離10メートル。突入せよ、前へ！」

敵の砲火で昼間のようになった陣地帯を、戦車隊は四方に砲身を振り向けて突撃した。不意を突かれた英軍の反応は遅れ、その懐に易々と潜り込んだ戦車隊は至近距離から次々と敵陣地を破壊していく。

7日午前8時、島田隊はトロラク前面陣地帯の突破に成功。しかし、いつまで経っても後方から主力突入の知らせが来ない。実はこの時、前線から聞こえてくる砲声があまりに早く途絶えたために、司令部は島田隊が全滅したと判断していたのだ。

このまま主力の到着を待っていては戦機を逸してしまう。島田は歩兵をトロラクに残し、戦車隊単独で敵中を突破してスリムを目指すことを決断する。

マレー戦における戦車第一連隊の九七式中戦車。マレー半島の英軍が戦車を持たなかったこともあり、島田戦車隊のスリム殲滅戦をはじめとして、日本戦車は大きな活躍を見せた

※「各車に告ぐ」という意味の符丁。

目の前に現れる者は全て敵だ。歩兵を満載して北上してくるトラックの車列。いまだ惰眠を貪るテントの群れ。砲口をこちらに向けながら無人のままの対戦車砲……それら全てを撃破しながら、島田戦車隊は街道上をスリムに向けて突進していく。

反撃してくる者は極めて少ない。彼らはいまだ日本軍がトロラックの向こうにいると疑わず、目の前に戦車が現れても味方だと思い込んだのだ。島田の決死の判断は、最高の奇襲効果となって英軍を大混乱に陥れたのである。

出発から2時間後、島田戦車隊はスリムに突入して南北二つの橋を確保。夕刻から反撃に出た英軍を一晩かけて防ぎきり、翌朝には残敵を掃討しながらようやく進出してきた主力と合流を果たした。英軍が頼みとしていたスリムの大陣地帯は、わずか2日の戦闘で日本軍の手に落ちたのである。

この『スリム殲滅戦』は、ドイツ軍のそれと対比され「日本流の電撃戦」と高い評価を得ているが、それは島田豊作という一人の青年将校が経験から導き出した戦術と、戦車隊単独での進撃という大胆不敵な決断がもたらした奇跡だったのだ。

マレー戦後、島田は戦場から遠ざかるように各地を転々とする。昭和17年（1942年）4月には戦車第九連隊附となり、南方への兵力抽出で手薄となった満ソ国境の守備を命じられたかと思えば、昭和18年（1943年）3月には陸軍士官学校の機甲兵科教官として相武台の住人となる。彼ほどの人物がなぜ後方勤務を命じられたのかは判らないが、恐らく将来的な機甲兵科の発展を見越し、その基幹将校として考えられていたのではあるまいか。

昭和20年（1945年）6月には戦車第十八連隊の連隊長となり、本土決戦の準備を着々と進めていたが、そのまま終戦。戦後は郷里の群馬に帰り、母校の館林高校で社会科教諭として教鞭を振るった。昭和63年（1988年）7月11日死去、享年76。

幻の日本初飛行を成し遂げ、研究に生涯を捧げた生来の発明家

日野熊蔵（くまぞう）中佐

日本陸軍

若かりし頃の日野熊蔵の肖像。欧州留学中の徳川好敏については詳細な記録が残されている一方、日野についてはドイツへ向かったことは確かだが、それ以外の正確な動静が何も伝わっていない

記録から消された日本初飛行

明治43年（1910年）12月14日、多くの見物客が詰めかけた東京・代々木練兵場。空は晴れていたが、時おり強い風が砂塵を伴って吹き渡っていた。

練兵場の端にある天幕の中では、臨時軍用気球研究会委員の日野熊蔵陸軍大尉が、ドイツから購入してきたグラーデ式単葉機の調整を続けている。この機体は一部に竹管が使われた特殊な構造をしており、また工作精度も当時としては非常に高く、技術者であり発明家でもある日野がつきっきりで面倒を見る必要があったのだ。

別の天幕では、同じく研究会委員の徳川好敏（よしとし）大尉がフランスで購入したファルマン式複葉機の整備を続けている。堅実な設計のファルマン式は欧州でも様々な実績を重ねていた名機だったが、徳川が購入した機体はエンジンの不調が深刻で、その原因の究明に全力を尽くしていたのである。

当初の予定では、11〜12日に飛行機搬入および組み立て、13日にエンジン試運転、14日は地上滑走試験にあて、15〜16日に予備飛行実施、17〜18日に本飛行……と、展開から撤収に至るまでの厳密な段取りが組まれていた。

本飛行の際には、皇族や陸海軍将官など重鎮が多数来賓としてやってくる。その日までに準備を完璧とし、そして失敗は絶対に許されない――日本航空界の嚆矢（こうし）たるべしと共に欧州へ旅立った無二の〝戦友〟である日野と徳川は、互いに激励を交わしながら機体の整備を続けていたのだった。

しかし徳川の機体はどうしてもエンジンの回転が安定せず、やむなく日野の機体のみが滑走試験のため天幕から引き出された。衆人が見守るなか、日野は徐々にエンジンの回転を上げながら何度も練兵場を往復し続ける。

グラーデ式単葉機に乗りポーズをとる日野熊蔵。新聞記事用の写真と思われる。発明家として名があり派手な言動の日野は有名人であった

それは何度目の滑走の時だったろうか。勢いをつけて走り出した機体の車輪が地面の起伏を捉えた瞬間、ふわり、と何の前触れもなく日野の機体は空中へと浮かび上がったのである。高度1〜2m、浮揚距離30m――それは、まぎれもなく日本国内における日本人操縦の動力飛行機初〝離陸〟の瞬間であった(※)。

試験は突風によって翼の一部を破損するまで続けられ、最終的に日野は高度10m、浮揚距離60mまで記録を伸ばすことに成功する。だが、これらの記録は研究会の報告から抹消され、わずかに新聞記事で伝えられるのみだ。

なぜ日野の飛行は公式記録から抹消されたのか。この日は本番前の滑走試験の日であり、本来なら飛行する予定ではなかったことが一因としてある。また「飛行」とは翼の揚力が定常的に機体を支えつつ操縦者が能動的に機体を操っている状態だとして、彼自身を含め関係者の誰ひとりとして飛行とは認めず、単なる「ジャンプ」と結論していることも一因としてあるだろう。

だが、そこには没落した元華族であり、まだ若い徳川に華を持たせようとした陸軍首脳部の思惑が働いてはいなかったか。自分に先んじて抜け駆けのように空を飛んだ〝戦友〟に対して、徳川が嫉妬を感じなかったと言い切れるか。現に徳川は、晩年になってようやくその功績を伝えるようになるまで、日野が日本航空界の黎明期に果たした業績を一切認めることは無かったのである。

そしてこの日を境に、日野熊蔵と徳川好敏という二人の男の大空に賭けた人生は、文字通り光と影に二分されていくこととなる。

※　この時の高度、距離については諸説あり。ここでは日本航空協会発行の『日本航空史』の記述に拠る。

二人がそれぞれの機体で大空を飛行し、先に飛んだ徳川が国内初飛行の栄誉を得るのは、それから5日後の12月19日。現在もなお「日本動力機初飛行の日」は明治43年12月19日として記録に留められている。

発明の才あり、性格に難あり

日野熊蔵は明治11年（１８７８年）６月９日、熊本県球磨郡人吉町（現・熊本県人吉市）に生まれた。父はちょうど半年前に病没しており、彼は寡婦となった母と祖母の女手だけで厳しく育てられる。

明治31年（１８９８年）11月、陸軍士官学校（10期）を卒業し千葉県佐倉の歩兵第二連隊へ配属され、次いで明治34年（１９０１年）には清国駐屯歩兵第一大隊附として大陸に派遣された。

日野家は代々発明家の多い家系で、彼もまた兵科将校として勤務する傍ら様々な装備品の改良に励み、その成果の一つとして完成したものが日野式自動拳銃である（特許出願は明治36年12月）。

この功績により明治36年（１９０３年）５月、兵科将校でありながら陸軍技術審査部員を拝命。研究中の暴発事故により二度の負傷を被ることもあったが、陸軍兵器の神様たる有坂成章部長の下で新装備の開発に全力を傾けていく。

手榴弾の実用化、新型小銃や小型エンジンの開発、空気砲や噴進弾の研究――この時期に日野が果たした兵器開発上の業績は多く、天才発明家としての日野の名声はとみに大きかった。

しかし、上司の有坂がそうであるように、彼もまたその性格に難があった。例えば日露戦争が始まったばかりの頃、日野は強力な爆薬を発明したと知人に洩らし、その言に乗った右翼団体の男が「新発明の爆薬と決死隊をもってウラジオストクを攻撃する」として実際に準備を始めたことがあった。だが彼の語った爆薬とは想像上のもので実際には存在せず、右翼団体との間を取り持った知人の面目を失わせたのである。

才気溢れるばかりに大言を弄し、知能をして身を立てんと功に逸る。そんな日野の悪癖を一因としたトラブルは陸軍部内でも数多く、それが後年における彼の不遇にもかかってくるのだ。

明治42年（1909年）、日野は臨時軍用気球研究会委員を拝命。本格的に空の世界へ踏み出した彼は、さっそく外国の文献を参考に試作機を生み出すも、結局飛行には失敗する。

これにより、まずは実績のある外国機を購入して技術を学び取るという方針が決定され、日野は新たに研究会委員となった徳川好敏大尉と共に欧州へと旅立った。

欧州留学中の日野が何処で何をしていたのか、不思議と記録が少ない。当人はおそらく日記程度は書いていただろうが、これも後述する理由によって失われた可能性が高い。

雛鳥（ひなどり）時代の記録を一切後世に残せなかったこと、これもまた栄光を掴み損ねた男にとっての不運といえるのかもしれない。

私財を投じて研究に没頭

日野と徳川、空に賭けた二人の男の人生は、代々木の空を飛んだ日を境として相反する方向へと進んでいく。

日本における動力機初飛行を為した男として一躍時の人となった徳川は、まさに日本航空界の看板たる存在として順調に昇進を重ねると共に、男爵位を得て華族にも復帰。最終的には陸軍中将にまで上りつめて太平洋戦争の終戦を迎える。

一方で日野のその後の人生は、まるで徳川の影を踏

ファルマン式複葉機に乗った徳川好敏。欧州留学中の1910年8月25日に仏アンリ・ファルマン飛行学校で操縦士資格試験に合格。これは日本人初の快挙であった

み続けるように不遇であり続けた。

機体からエンジンに至るまで全てを自分で設計した実験機を複数製作するが、飛行には全て失敗。これら研究にかかる費用は軍から一切出されておらず、彼は私財の多くと投資家からの資金援助で費用を賄っていた。

のちに返済をめぐって訴訟にまで発展したことが「多額の借財をするは軍人にあるまじき行為」とされ、日野は明治44年（1911年）12月に歩兵第二十四連隊附として福岡へ左遷される。それでも発明家としての性は抜けることなく、同連隊第三大隊長として勤務しながら各種装備の研究を自費で続けていた。

大正6年（1917年）には、長年のエンジンに関する研究と技術力を買われて東京砲兵工廠に転出するも、わずか1年後に待命を仰せつけられ予備役編入となる。一説には、部下の失態に対する引責辞任ともいわれるが定かではない。最終階級、陸軍歩兵中佐。

野に下っても、自宅庭先に小さな研究所を設立して精力的に研究を続けた日野であったが、その発明品はあまりに時代を先取りし過ぎて多くが採用には至らなかった。二度の脳溢血によって闘病生活を送ったこともあり、内情は火の車で常に困窮に喘いでいたという。かろうじて戦前の回転翼機の研究や、茅場製作所嘱託として参加した無尾翼滑空機ＨＫ－１の開発、太平洋戦争後期の高速艇エンジンの研究などに、彼の名は残されている。

そして昭和20年（1945年）4月15日、蒲田区一帯を襲った空襲によって自宅が全焼し、保管していた研究資料の大部分を焼失する悲運に見舞われる。常に未来を見据えて研究の日々を送り続けてきた日野であったが、人生で積み重ねてきた実績のほぼ全てを失ったことは余りに苛酷でありすぎた。

以降は別人のように気力を失った日野は、敗戦の混乱もあって徐々に伏せりがちとなり、敗戦から5カ月後の昭和21年（1946年）1月15日に眠りながら息を引き取った。死因は栄養失調からくる心不全。享年67であった。

軍人として優れた点

勝機を逃さない判断力、部下を奮い立たせる能力、指揮能力、教官としての能力

ソ連軍の野望を挫いた士魂を秘めし戦車連隊長

池田末男（すえお）大佐

日本陸軍

教官職を長く務め、温和な人格で部下や教え子に慕われた池田末男大佐（戦死後、少将）。優れた教練規定を編纂したことから「戦車隊の神様」とも呼ばれている

千島列島にソ連軍が来寇

昭和20年（1945年）8月18日、午前5時。北千島列島の北端に浮かぶ占守島（しゅむしゅ）は、冷たい濃霧に包まれていた。

太平洋の激闘から忘れられたかのような日々を送っていた占守島に、千島列島および北海道東部の軍事占領を企図したソ連軍が上陸したのは、終戦の詔勅から3日を経た8月18日のことである。第五方面軍司令官の樋口季一郎中将は、その一報に断固とした反撃を指示。終戦処理を進めていた占守島の第九十一師団は、一転してソ連軍との激闘に身を投じることとなる。

島北部の竹田浜に上陸したソ連軍だったが、沿岸陣地の猛射の前に殆どの重装備が海没していた。安全な橋頭堡を築くためには、島全域を観測できる四嶺山（しれいさん）をおさえる事が急務となる。ソ連軍は沿岸陣地を無視し、ほぼ小火器のみを手に占守街道を西へと急進。そして山麓の守備隊はタコ壺陣地に拠り、夜を徹してソ連軍の猛攻を食い止めていた。

第九十一師団長の堤不夾貴（ふさき）中将は、池田末男大佐率いる戦車第十一連隊をこの地に向かわせ、歩兵と協同して敵上陸軍の粉砕を指令。武装解除のため搭載火器の殆どを取り外していた戦車第十一連隊は直ちに再整備に取り掛かり、準備の終わった車輌から出撃地点へと集合する。

午前5時の段階で四嶺山南麓に集まったのは、全64輌の内わずか20輌余り。協同するはずの歩兵の到着も

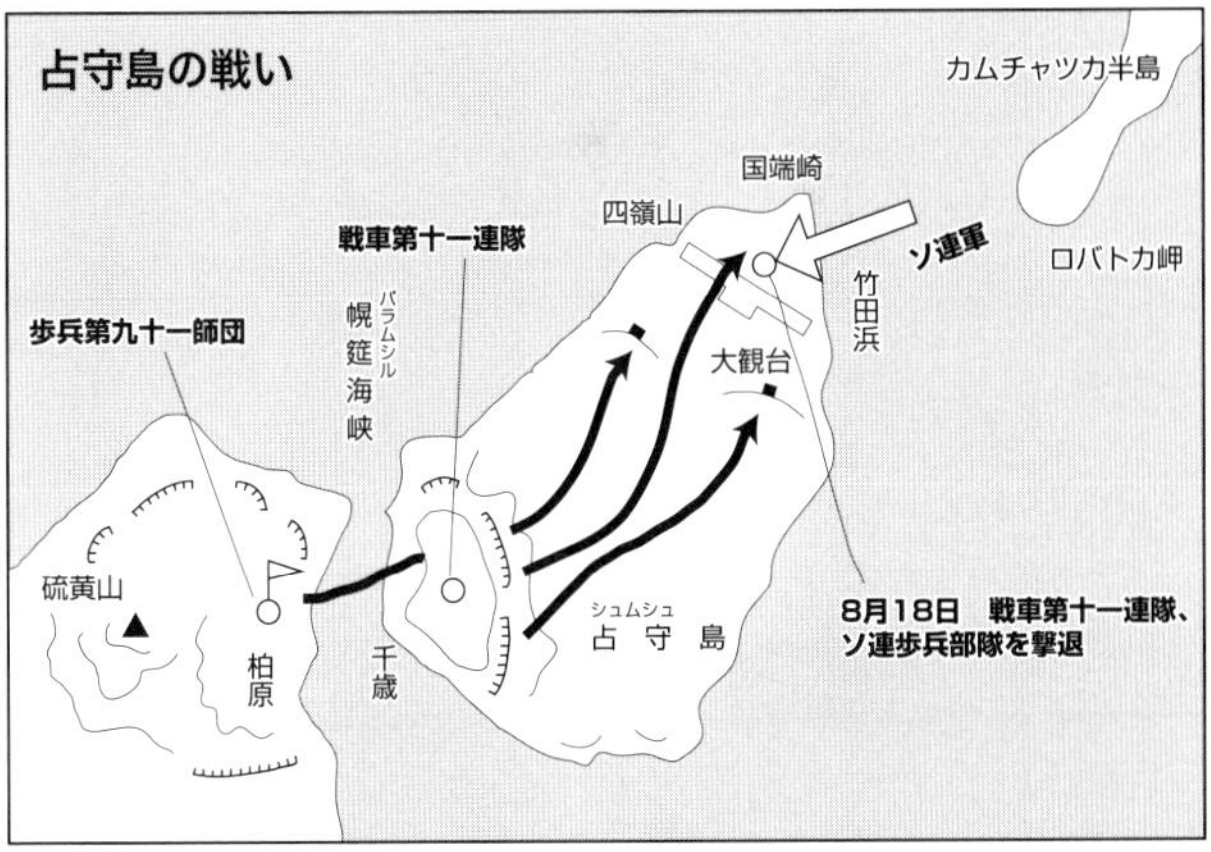

占守島の戦い

日本のポツダム宣言受諾後の昭和20年8月17日、ソ連軍が占守島への攻撃を開始し、18日未明には島東岸の竹田浜に上陸した。これに対して、日本軍守備隊は戦車第十一連隊をはじめとする戦力で反撃。ソ連軍上陸部隊を上陸地点まで押し戻し、殲滅寸前にまで追い込んだ

遅れている。しかし戦機は今まさにたけなわ、山向こうからは轟々と銃砲声が響き続けていた。ここに及び池田連隊長は、現在集合している戦車のみでの単独突入を決意する。

午前5時30分。居並ぶ将兵達を前に池田連隊長は訓示した。

「皆にあえて問う。諸子は今、赤穂浪士となり恥を偲んでも将来に仇を報ぜんとするか、あるいは白虎隊となり、玉砕をもって民族の防波堤となり後世の歴史に問わんとするか。赤穂浪士たらんとする者は一歩前に出よ。白虎隊たらんとする者は手を上げよ」

戦争は終わり、あと数日もすれば島を離れて家族の元へ帰ることができたはずだった。しかしソ連軍の無法な上陸により、今まさに日本が侵されようとしている。池田連隊長の悲壮な訓示に、男達はソ連軍の暴虐から日本の国土と国民を守る決意をしたのである。

「連隊はこれより全軍をあげて敵を水際に撃滅せんとす。各中隊は部下の結集を待つ事無く、御勅諭を奉唱しつつ予に続行すべし！」

先頭を行く九七式中戦車には、池田連隊長と共に蘭印攻略戦の生き残りである丹生勝丈（にうかつたけ）少佐が乗車した。日章旗を手に跨乗した池田連隊長の姿は、霧の中でもなお強烈な存在感をもって将兵の目に映ったという。

教官職から前線指揮官へ

明治33年（１９００年）12月21日、池田末男は陸軍憲兵中佐・池田筆吉の五男として愛知県豊橋に生まれた。

陸軍中央幼年学校を経て陸軍士官学校に入学（34期）し、大正11年（１９２２年）7月に卒業後は騎兵少尉として大陸に立つ。前線部隊の将校として10年余を過ごした池田は、昭和10年（１９３５年）に陸軍士官学校教官を命ぜられて以降、ひたすら教育畑を歩んでいく。

彼の教育は厳しさの中に優しさが垣間見える、日本的な父性に満ちたものだった。以下は、彼が公主嶺陸軍戦車学校の教官を務めていた頃の話である。

ある時、中隊指揮訓練で大損害の判定を受けた指揮官役の学生に、どうして部下にあのような行動をとらせたのかを問うた。学生は不承不承（ふしょうぶしょう）その意図を解説したが、池田はただ一言、「泥棒の中にも一分の理」と断じる。その言葉に激高した学生は軍刀に手をかけたが、何も言わずその場を離れた池田は後に同僚にこう話している。

「今年はいい男がいるね。軍刀を抜きかかったが、奴は見所があるよ。ああいうのが前線では頼もしい騎兵将校になるんだ」

もちろん、学生はお咎（とがめ）無し。彼の中で騎兵将校とは、正論あらば上官と部下の垣根を越えても意見する義務を持つと考えていたのだ。

さらに公主嶺の校長代理時代、校舎内の至る所に「火気厳禁」の張り紙が貼られているのを見た池田はこう言った。

「軍隊で一度命じたら、厳禁とただの禁とに差があってはならない。火気禁で十分」

軍隊において命令は絶対であり、そして戦車兵は命令一下、驟雨（しゅうう）の如き集中砲火の中をどこまでも駆け続ける積極果断さが必要だ。そこにわずかでも判断を左右する指示があってはならないのである。張り紙は、翌日にはすべて張り替えられたという。

当時、池田の教育を受けた戦車将校の中で、その薫陶（くんとう）を印象深く覚えている者は多い。福田定一、後の作家・司馬遼太郎もその一人で、後に司馬は「いまでも、私は、朝、ひげを剃りながら、自分が池田大佐ならどうするだろう」と自らに問い、「わからない。何十年たっても答えが出ない」と自著の中で述べている。

池田が戦車第十一連隊の新連隊長として占守島に渡ったのは、昭和20年1月のことである。教育の現場から前線へ出征した後も、池田の現実主義は変わらなかった。身の回りのことはすべて自分の手で行い、食事は兵と同じ粗食で十分。当番兵が申し訳なく思っても、「お前は俺に仕えているのか？　国に仕えているんだろう？」と取り合わなかった。

一方で、未来を担うべき若者達をも戦争へ駆り出した事に、強い焦燥を感じていたようだ。隊内には学業を中断して出征してきた見習士官も多く、池田はある日彼らの一人をつかまえ、こう洩らしている。

「大学在学中の者まで動員せねばならぬ所まで戦火を拡大してしまった日本軍部の上層部は、間違っている。貴様達はご両親が苦労して大学に入れて、そこで得た知識を国のために活かすのが使命であって、その知識を命に代えてしまうのは残念である。自分達軍人とは、国民皆兵の時代とはいえ、まったく立場が違うはずだ」

だからこそ池田は、部下達の戦後の生活をも見据えた教育の場を設けた。8月15日の終戦の詔勅以降、彼は敗戦処理を進めると共に、見習士官を先生役として即席の教育講座を開いたのである。池田自身も再び指揮棒を教鞭に持ち替え、教卓に立ったと伝えられる。

少年戦車兵から士官学校出の将校まで、これまで戦い方しか知らなかった男達は夜遅くまで廃油ランプの下で勉強を続けたという。わずか2日後、自分達が死闘を演じることになるとも知らずに。

彼らの多くは、再び故郷の土を踏むことは叶わなかった。

突撃！　士魂戦車隊

8月18日、午前6時50分。戦車第十一連隊は四嶺山北斜面に到達したソ連軍部隊に対して逆襲を開始した。横一線の陣形で敵中に分け入っていくが、覘視口（てんしこう）からの視界は狭く、濃霧をついて接近してくる敵兵を見つけるのは難しい。池田は丹生少佐と背中合わせにハッチに立って、車体をよじ登ろうとする敵兵を拳銃で

戦車第十一連隊にも配備されていた九七式中戦車改(新砲塔チハ)。太平洋戦争における日本陸軍の主力戦車であり、同時期の他国中戦車に比べて火力・装甲の不足は否めなかったが、四嶺山の戦いでは対戦車兵器に乏しい敵部隊を撃退した

迎え撃った。

霧の中から突然現れた戦車隊に、混乱したソ連軍は北斜面を放棄して撤退していった。奪還した山頂から眼下を望見すると、敵は山麓で再編成の途上にあるようだ。ここで攻撃の手を緩めてはならない、と池田は判断した。

「丹生、貴様も戦場に連れていってやるぞ。俺と一緒に戦うんだ」

第一次攻撃の途上、丹生少佐は敵弾を受けて戦死していた。池田は彼の遺骸を砲塔に縛りつけ、自らは軍衣を脱いだ白シャツ姿でハッチに立った。弾薬を補給した部下達の集合を待ち、再び自らを先頭として進撃を開始する。四嶺山を守備していた独立歩兵大隊も、これに呼応して塹壕を飛び出し斜面を駆け下った。

だが、今度の敵は違った。ソ連軍はようやく重装備の揚陸に成功し、対戦車銃100挺、45mm対戦車砲4門を運び込んでいたのである。濃霧の中で次々と炎を吹き上げ、擱座していく戦車達。自分の乗車を失ってもなお、拳銃や円匙を手に生身で突っ込んでいく者も多かったという。

池田もまたこの戦いから還らなかった。横腹に対戦車砲弾の直撃を受けた池田の乗車は、弾薬の誘爆により彼もろとも瞬時に爆発炎上したのである。享年、45。

彼等の死闘により大損害を受けたソ連軍は、ついに内陸侵攻を断念。その日16時の停戦の時点でソ連側が手にしていたのは、竹田浜周辺の寸土に過ぎなかった。占守島で予想外の苦戦を強いられたソ連軍は、その後の千島列島進出が予定よりも大幅に遅延。米国の反対もあり、北海道侵攻の野望は脆くも崩れ去る。

命を賭して国土と国民を守り通した、戦車第十一連隊と池田末男。その勇名は現在もなお、陸上自衛隊第十一戦車大隊が『士魂』の愛称の下に語り継いでいる。

軍人として優れた点

海外で人脈・組織を築く能力、教官としての能力、常識にとらわれない柔軟な思考力、スパイとしての能力

対ソ諜報活動を専門とした日本のスパイマスター

秋草(あきくさ)俊(しゅん)少将

日本陸軍

対ソ諜報活動のエキスパートだった秋草。彼がもたらしたソ連軍の情報は関東軍の満州防衛計画にも影響を与えている

満州での対ソ諜報工作

満州において諜報・謀略戦を担っていたハルビン特務機関。ここを出身として後に将官になった者は樋口季一郎、柳田元三、土井昭夫などがいるが、そのうち秋草俊（陸士26期）は異色の経歴を持つ。

彼は陸大を出ていない〝無天組〟でありながら最終的に少将まで昇りつめたが、その軍歴において前線部隊の指揮経験は非常に少ない。昭和17年（1942年）12月からの約2年間だけ満州の第四国境警備隊長となった他は、一貫して陸軍の中では傍流といえる諜報畑を歩み続けた生粋のスパイマスターであった。

秋草は、その生涯にわたって対ソ諜報を専門とした。陸士の外国語でロシア語を選択した彼は、大正8年（1919年）にシベリア出兵中の第三師団へ通訳官として派遣される。ここで全ロシア臨時政府の極東軍司令官グリゴリー・セミョーノフの知己を得たことが、その後の秋草の人生に一つの道筋をつけたのは間違いない。

大正15年（1926年）、帰国した秋草は東京外国語学校露語科に陸軍委託学生として入学。これを1年で修了してハルビンの日露教会学校へ留学し、その後は5年間を参謀本部附と陸士教官として過ごす。

昭和8年（1933年）、ハルビン特務機関補佐官となった秋草は、安藤麟三（りんぞう）機関長とコンビを組んで「白系露人事務局」の設立に尽力する。革命後のロシアにおいて現地工作員の確保に失敗していたハルビン特務機関は、その後の対ソ工作において不首尾が目立つようになっていた。そこで満州に亡命してきたセミョーノフのグループとロシア人ファシストグループを糾合させて白系ロシア人（※1）の自治組織を立ち上げ、その内部に対ソ諜報工作の拠点を設置したのである。

白系露人事務局は、満州国内に存在するロシア人ネットワークからの寄付金に加えて日本からの財政的援助も受けており、その潤沢な資金をもって満州国内に居住する白系ロシア人への生活支援と思想統一、そし

※1　ロシア革命後の共産主義体制に反対して国外に亡命したロシア人のこと。白系とは共産主義を象徴する赤に対する意。

てソ連国内の地縁血縁を頼った諜報活動に従事している。

後年、満州国軍は日本陸軍騎兵科出身の浅野節（まこと）を上校（大佐）として迎え入れ、日本人・満州人・ロシア人で編成された対ソ謀略部隊、通称「浅野部隊」を設立するが、その創設資金の大部分は白系露人事務局から出されたものとみられている。

昭和11年（1936年）8月、秋草は満州の白系ロシア人をまとめ上げた大功とともに日本へ帰国。参謀本部第二部ロシア班、次いで昭和12年末に兵備局へ転属し、諜報・宣伝・防諜を専門とする日本初のスパイ養成機関「後方勤務要員養成所」の設立準備委員として抜擢されるのである。

だが、秋草は気付いていなかった。彼が心血を注いで作り上げた白系露人事務局、その事務局長秘書として勤務していたマトコフスキーという男は、対日協力者として活動する傍らでハルビンのソ連領事館とも通じていた、いわゆる二重スパイだったのだ。

これを見抜けなかったことは、後に大きな災いとなって秋草自身を深い奈落の底へ突き落とすことになる。

スパイの養成に尽力

科学的秘密戦要員の養成を目的として、九段下の愛国婦人会

1934年12月に撮られた白系露人事務局（正式名称は満洲帝国ロシア人移民局）メンバーとの記念写真。前列右から三人目の眼鏡をかけた人物が秋草

別館に開設された後方勤務要員養成所。秋草が所長を務めるこの養成所において一期生20名の教育が始まったのは昭和13年（1938年）7月のことだったが、その教育は要員の選抜からして規格外だった。

陸軍予備士官学校の卒業生、すなわち一般大学卒の〝半地方人〟から候補者を選び、それを各部隊からの推薦というかたちで試験に送り込んだ。試験は面接を重視して行われたが、その内容は「この部屋に至るまでの階段は何段あったか」「目の前を歩いている見ず知らずの婦人を口説き落とすのにどんな手を用いるか」「黒い紙に書いている墨字を判別する方法は」など風変わりなものばかり。

こうして選抜された要員はその日から軍服の着用を禁じられ、どこまでも民間人として活動することを強いられた。教育内容は極めて広範な内容で、政治・経済・統計・気象地学・兵器・心理・語学といった一般教養から、諜報・宣伝・謀略・防諜に関する各種専門技能を徹底的に叩き込まれた。

秋草は常々「円満なる常識」、すなわち幅広い知識と素養がスパイには必要だと要員たちに語っていた。その理想のもと、実技教習では忍法の水遁（すいとん）の術をもって多摩川で潜水訓練を行ったり、スリの名人を刑務所から招いてその技を学ばせたりもしたという。

また、これは秋草と要員たちが立ち話をしている時のこと。会話の流れから「天皇」の一言が出て、要員たちがその場で気を付けの姿勢をとった次の瞬間、「馬鹿者！」と秋草の怒鳴り声が響いた。

「天皇の名を聞いて直立不動となるのは軍人だけだ。仮に背広を着て地方人に成りすましていても、すぐに化けの皮が剥がれてしまうぞ。天皇も我々と同じ人間であることを胆に命じておけ！」

軍人であるならば、天皇の名を耳にする時は直立不動の姿勢となるのが常識であった時代である。秋草は彼らをより完璧なスパイに鍛え上げるため、彼らに柔軟な思考と新たな常識を身につけさせようとしていたのだ。

だが、後方勤務要員養成所が九段下から中野の電信隊跡地に移転し、「陸軍中野学校」として秋草の理想と

昭和19年（1944年）8月に静岡県二俣町に設立された陸軍中野学校二俣分校の全景。中野学校は当初はスパイ養成機関であったが、この頃には主に遊撃戦（ゲリラ戦）戦術の教育機関となっていた

するスパイ教育を本格化したその矢先、彼は思わぬ事件に巻き込まれてしまう。強い反英感情を持っていた中野学校の某教官が神戸英国総領事館への襲撃を計画し、憲兵隊によって未然に防がれるという事件が起こったのだ。

これにより監督責任を問われた秋草は学校長の任を解かれ、遠く欧州の地へ転出することになる。秋草がスパイ教育の司令塔として活躍した期間は、後方勤務要員養成所の所長であった頃を含めてもわずか1年4カ月に過ぎない。しかし彼の理想はその後の中野学校の教育に活かされ、多くの秘密戦士を生み出す原動力となったのである。

大戦中の諜報活動

昭和15年（1940年）3月、秋草は満州国在独公使館参事官兼ワルシャワ総領事の肩書と「星野一郎」の偽名をもってドイツに赴任した。現地で諜報組織「星機関」を設立し、約2年に渡って諜報活動にあたったとされているが、具体的にどのような活動を行っていたかは現在も判っていない。

また、欧州での活動を終えた秋草はモスクワからシベリア鉄道経由で日本へ帰国するが、すでに独ソ戦が始まっていた当時、いかなる手段を用いてモスクワへ至ったのかも判然としない。まさに日本最高のスパイの面目躍如といったところだろう。

昭和17年12月、第四国境警備隊長として満州東部の虎頭へ赴任した秋草は、白系露人事務局の協力を得てソ連軍の配備状況を調査。その情報は関東軍の満州防衛計画に反映され、後のソ連対日参戦時における国境部隊の奮戦に大いに活かされている。

昭和20年2月、秋草は関東軍情報部長の命を受け、最後のハルビン特務機関長（※2）として対ソ謀略活動に従事する。秋草がハルビン特務機関長となった情報はすぐにソ連側も知ることとなり、同年5月のベルリン陥落直後から彼の死を予告する怪放送が満州の空を飛んだ。

8月9日のソ連参戦後は破壊工作グループを組織して遊撃戦に備えるも、実際に活動が開始される前に日本は降伏。周囲から再三にわたって逃亡を勧められるが、秋草はハルビン特務機関の責任者としてソ連軍の縛についた。

この時のソ連側は秋草の居所をかなり正確に掴んでいたが、その情報はすべて白系露人事務局のマトコフスキーから流れたとみられている。ソ連軍のハルビン侵攻後、マトコフスキーがただ一人で事務局に居残り、進駐してきたソ連軍に逮捕されることなくそのまま事務仕事を続けているのを見て、初めて秋草は彼がダブルスパイであることを確信したという。日本最高のスパイマスターとして敵方にも知られる存在であった秋草はしかし、最後の瞬間まで自らの傍に開いていた陥穽（かんせい）に気付くことはなかったのだ。

ソ連軍に拘束されて沿海州のヴォロシーロフ監獄に移送された秋草だったが、それを最後に彼の消息は長年に渡り杳（よう）として知れなかった。彼の死が最終的に判明したのは終戦から47年後の平成４年（１９９２年）、ソ連邦崩壊による情報公開がなされて以降のことである。

秋草は「スパイ活動とソ連邦に対する煽動工作」の罪状で25年の禁固刑を言い渡され、モスクワの北東２００kmにあるウラジーミル監獄に収監されたが、昭和24年（１９４９年）３月22日に結核により獄死。その遺骸は監獄近郊の共同墓地「Ｄ－５－００５」に葬られたと記録されている。

※2　ハルビン特務機関は1940年に関東軍情報部に改編されたため（通称としては残った）、関東軍情報部長はかつての特務機関長と同等の役職であった。

軍人として優れた点

独断専行すれすれの高い実行力、宣撫工作の能力、信義を重んじる性格

ビルマの独立に尽力し信義を貫いた特務機関長

鈴木敬司（けいじ）少将

日本陸軍

南機関の長として、ビルマ独立に尽力した鈴木敬司。ビルマでの活動を終えた後は、第七師団参謀長や第二十七師団参謀長、第五船舶輸送司令官などを歴任、少将の階級で終戦を迎えた

ビルマ独立運動と南機関の設立

南機関とは、ビルマの独立工作とビルマ―昆明、重慶間を結ぶ補給線、通称「ビルマルート」の遮断を目的とする大本営直属の謀略機関である。

１８８６年（明治19年）にイギリス領インドに組み込まれたビルマでは、現地のビルマ人達は最下層の農奴となり、人々は独立運動組織「タキン党」を結成、反英活動を開始していた。イギリスは１９３５年（昭和10年）にビルマをインドから分割して直轄領とし、併せてタキン党穏健派のバー・モウを首魁（しゅかい）とするビルマ人内閣を成立させたが、この内閣はイギリス総督を補佐する立場に過ぎず、ビルマの反英活動は一層の高まりを見せていく。

１９３９年9月に第二次大戦が勃発すると、独立諸派はこれを好機として大同団結。全土を覆う混乱の中でイギリス官憲による弾圧は激しさを増し、政権崩壊により野に下っていたバー・モウをはじめ要人を次々と逮捕拘束していく。独立急進派のアウン・サンは中国に逃れ、ビルマの独立運動はまさに風前の灯となっていた。

一方、伝統的に北方を重視する日本陸軍は、ビルマはおろか東南アジアに対する意識が薄かった。しかし第二次近衛内閣によって南方進出が国策となった結果、参謀本部は船舶課長を務めていた鈴木敬司大佐を長として、東南アジアの各国別に工作の研究を行う事を決定する。

鈴木は、重慶への補給線が通っているビルマこそ最重要の工作対象にすべきと考えた。調査の結果、タキン党の穏健派は弾圧によって既に独立運動の主流から外れている事を知ると、鈴木は急進派を取り込むべく工作を開始する。

厦門（アモイ）の国際租界でアウン・サンを発見した鈴木は、独断で彼を保護して日本へと渡航させた。彼が中央に

インド洋からビルマのラングーン（現ヤンゴン）を経て中国の昆明、重慶へとつながるビルマルート。英米が蒋介石の率いる中国国民政府（当時の首都は重慶）に軍需品や石油などの支援物資を送り込んだルートの一つで、日中戦争を長期化させる一因となった

諮らず工作を推し進めた背景には、独立急進派が中国共産党や国民党、ソ連、ドイツなど、日本以外にもあらゆる国家や集団に対して支援を求めていた事にある。日本がインド方面のプレゼンスを確立するには、他国に先んじて支援を約束し、独立運動の主導権を握る必要があったのだ。

当初は参謀本部内からも非難されることが多かったが、第二次大戦の勃発により輸送量が急増したビルマルートの遮断のため、後に参謀本部はビルマの独立工作を本格化。さらに、ビルマ工作の主導権を奪われた海軍からも要請が出された結果、大本営は陸海軍協同による専門機関の設置を決断する。

１９４１年（昭和16年）２月１日。大磯を拠点として、東南アジアへの日本企業進出を支援する「南方企業調査会」なる組織が誕生した。だが、その真の目的はビルマルートの遮断とビルマ独立支援であり、南方企業調査会は大本営直属の謀略機関「南機関」の隠れ蓑だったのである。

機関長は、すでに独立派に多くの知己を得ていた鈴木敬司大佐。なお南機関という名称は、南方問題を担当する特務機関だからとも、あるいは鈴木がビルマでの現地調査時に使っていた偽名「南益世」の苗字から取ったとも言われ、その理由は今もって定かではない。

参謀本部との埋まらない溝

鈴木敬司は１８９７年（明治30年）２月６日、浜松出身。陸士30期、陸大41期を卒業。少壮将校時代にはフィリピンに潜入を果たし、現地の情報を逐一参謀本部に報告する功を挙げている。

第二次上海事変において膠着状態に陥った戦局を打開すべく、上海南部の杭州湾への上陸作戦を計画したのは他ならぬ鈴木である。この時、潮の干満の差が激しい杭州湾への上陸は不可能として海軍側から強硬な反対にあったが、鈴木は反対を押し切って作戦を指導、見事に揚陸を成功させ中国軍の後方連絡線の遮断に成功する。

大胆不敵な手段を強力に推進していくその実行力の高さから、鈴木は参謀本部でも変わり者と噂される人物だった。その意味では、鈴木は戦前の典型的な陸軍軍人のイメージにありがちな独断専行型にも思えるが、一方で彼は当時の日本人としては珍しい感覚の持ち主だった。

それは自らを長とする南機関が設立された後、ビルマを脱出してきた独立派志士達を海南島に集めて軍事教練を施した際に、彼らに切々と語って聞かせた言葉に表れている。

「民族の独立は民族固有の権利であり、他国がそれを与えるようなものではない。日本がビルマを英国から独立させた上で、それを後にビルマ人に与える形では、後々に大きな禍根を残すことになる。独立はビルマ人自らが達成すべきであり、日本はそれを支援する形に留まるべきだ」

現在では当然といえる民族自決の思想だが、当時の日本では個性的に過ぎた。ビルマ人による独立達成にこだわる鈴木は、彼らをビルマ本土へ潜入させる機会を伺っていたが、やがて日本国内に高まっていく南進論と、それに伴うビルマ直接進攻による独立達成という参謀本部の意向の前に、徐々に鈴木の思想は陸軍の中で受け入れ難いものとなっていく。

鈴木と参謀本部の間に生じたこの感覚の相違は、やがて日本とビルマの間に最悪の形で顕在化していくのである。

そして、太平洋戦争の開戦。タイに進駐した第十五軍の指揮下に入った南機関は、１４０名の兵力をもってビルマ独立義勇軍（ＢＩＡ）を結成、日本軍のビルマ進攻作戦において道案内や住民の宣撫に従事する。１９４２年（昭和17年）３月８日、約４５００名に兵力が膨れ上がったＢＩＡは日本軍と共にラングーンへ入城、25日には市内の競技場でアウン・サンを先頭とする観兵式典が挙行された。

だが、鈴木が思い描いたビルマ独立は、達成されなかった。鈴木はラングーン入城後、各方面にビルマ独立を繰り返し働きかけたが、まず現地軍による軍政をもってビルマを統治するという陸軍の方針は変わらなかった。

現在ビルマ人達が日本軍に協力しているのは、日本軍がビルマの独立を約束していたからだ。ここで独立をさせず軍政を敷けば、独立心の強いビルマ人は必ず蜂起する……鈴木の警告は活かされる事無く、アウン・サン等志士達に拭い様の無い不信感を芽生えさせることとなる。

鈴木は、日本軍との衝突を避けるためにＢＩＡの全兵力をラングーンからデルタ地帯のバセイン地方に誘導することを考えていた。そしてもし双方が戦闘状態に陥れば、南機関員一同でＢＩＡの前に立って日本軍の銃弾に斃（たお）れ、その死をもってビルマ問題の再考を促す決意を固めていたのである。

「俺がビルマ人であったなら、日本軍と戦ってもやむを得ないと思う。しかし俺は日本人であり、諸君らと共に日本軍と戦うわけにはいかない。もし独立のために日本軍と戦うというのであれば遠慮はいらん、まずは俺を殺してから戦ってくれ！」

その気迫の前に、志士達は内心で湧き起こる不信感を一時的に抑えても、日本軍に協力することを選択する。あるいは鈴木の中に、共にビルマ独立を希求する同志としての決意を見出したのかもしれない。

南機関の終焉とビルマの離反

１９４２年5月13日、日本軍はマンダレー北方で保護されたバー・モウを中心として中央行政機関の設立準備委員会を発足させた。同時に南機関はビルマ工作に関する全ての任務を終えたと判断され、ＢＩＡを改組したビルマ防衛軍（ＢＤＡ）創設と共に、約1年半に渡った活動を終了する。

１９４３年８月1日、ビルマ独立。しかし、それは余りにも遅きに失した。ビルマ人達の日本軍に対する不信感は今や暴発寸前まで増大し、ＢＤＡ内部でもサボタージュや脱走が横行していく。

１９４４年８月、日本軍のインパール作戦失敗を受けて、今後も日本軍との連携を続けていく事が完全独立の障害になると判断した独立派は、秘密裏に抗日組織・反ファシスト人民自由連盟（ＡＦＰＦＬ）を結成。連合軍と連絡を取りつつ武装蜂起のタイミングを計り始める。

南機関の協力によって秘かにビルマから脱出し、軍事教練を施されたアウン・サン（前列中央）ら30人のビルマ人志士たち。BIA発足時の中核メンバーとなり、日本軍のビルマ進出に協力した彼らは後に「30人の同志」としてビルマ独立史で伝説的存在となる

45年３月27日、ＡＦＰＦＬはビルマ全土で日本軍に対して蜂起。その際アウン・サンによって南機関員であった者は無条件で助命される事が指令されたが、それは南機関がかつてビルマ人達と共に独立を目指して戦った同志であると、当のビルマ人達から認められた事に他ならない。敗戦後、鈴木はイギリス政府から戦犯指定を受けてビルマに連行されるも、アウン・サンの猛抗議によって釈放されたという逸話も残る。

そして、時が流れて１９８１年（昭和56年）１月４日。ビルマ独立へ貢献した日本人７名に対して、時のビルマ政府は「アウン・サン・タゴン勲章」を授与する。その7名こそ、かつて南機関員として独立に奮闘した日本人達であり、その中には、１９６７年に惜しまれつつも不帰の人となった鈴木の名も含まれていたのである。

優れた射撃の技術、旺盛な研究心、発明の才能、異文化の理解力と応用力

歩兵装備の近代化に貢献した日本国産小銃の父

村田経芳（つねよし）少将

日本陸軍

日本初の国産小銃の生みの親にして、射撃の名手でもあった村田経芳。戊辰戦争や西南戦争に参加し、後者では戦傷を負うなど、銃器技術者ながら実戦でも多くの軍功を挙げた

二つの顔を持つ軍人

明治維新の立役者となった元勲達が次々と幽界へ旅立っていった明治末年から大正にかけて、日本では彼らの活躍を伝える多くの偉人伝が出版されている。日本の近代国家への道を切り開いていった彼らの偉勲を後世に残すべく、主に各人の顕彰会が中心となって記されたそれらの評伝は、全編に渡って美辞麗句にあふれる一方で、資料的な正確性に乏しいものが多い。

それらの評伝の中で、村田勇右衛門経芳に関するものは少々毛色が異なる。村田に関する評伝は主に二つの系統に分かれるが、一方は血湧き肉躍る講談調の読み物、もう一方は技術書のように冷静克明に記された物と、まるで正反対の記述なのである。

そして、この両極端な記述は村田という男の生涯をよく表しているといっていい。

新政府軍随一の銃手として戊辰(ぼしん)戦争を戦い、維新後の欧州留学ではその射撃の腕で各国軍事関係者から驚愕をもって迎えられた〝銃豪〟村田勇右衛門。諸外国の小銃を徹底的に研究し、ついには日本の量産小銃第一号となる十三年式村田銃を開発した〝国産小銃の父〟村田経芳。

ライフルマンとエンジニア、二つの異なる顔を併せ持って維新回天の時を駆け抜けた村田が生を受けたのは、天保9年(1838年)6月10日。薩摩藩小姓組勘定方小頭であった村田経徳の長男としてであった。

薩摩藩主の認可を受け、洋式小銃の研究を開始

少年時代の村田は、胃腸が弱く枯れ木のような体躯であったという。撃剣すら不如意の彼が第二の道として選んだのは、兵法だった。それも武士の嗜(たしな)みとして広く学ばれていた甲州流兵学ではなく、当時は異端と言われていた合伝流兵学である。

合伝流は鉄砲こそが戦場の支配者たりえるとする一派で、鉄砲の長所を活かしながら短所を埋め合わせ、そこに戦国島津氏の戦術を取り入れた徹底的な火力重視に大きな特徴があった。

江戸時代後期の軍学者・徳田邕興（ゆうこう）によって創設された合伝流は、他流すべてを泰平の飾り物と断じて長らく藩政から遠ざけられていたものの、この時期には下級武士を中心として信奉者が徐々に増えつつあった。

身体が弱い代わりに頭の回転が早い村田少年にとって、合伝流が尊ぶ合理的思考には大いに頷ける所があったらしい。やがて合伝流は近代化を推し進める薩摩藩において一定の地位を与えられていくが、その流れの中で彼の射撃術は日を追って上達し、藩内でも指折りの名手としてその名を知らしめていく。

合わせて、村田は旧態依然とした火縄銃からの脱却を目指し始める。第11代藩主・島津斉彬（なりあきら）の集成館事業と薩英戦争（※1）の経験をへて、藩をあげた近代化を推し進める薩摩にあって、彼は早くから外国製の小銃に触れる機会を得ていた。

西洋人の大きな体格に合わせて作られた洋式小銃は、その重さも重心位置も小柄な日本人にはひどく扱いにくい。しかし肩付けした際の安定性に優れており、長大な銃身は遠距離での命中率が高い。何より雷管薬莢式の銃弾と後装式小銃の組み合わせは連射性に優れ、従来の火縄銃と比較して時間単位での威力を飛躍的に高めている。

いずれは薩摩藩兵すべてに自国生産の後装式小銃を装備すべしとして、村田は藩主の認可のもと各国の小銃を取り寄せて研究に没頭した。どの小銃も内部構造は大きく異なっており、村田はかき集めた小銃を毎日のように試射して、どの方式が日本人に合ったものかを模索し続けた。

村田の設計した新型小銃は完成寸前であったらしい。しかし風雲急を告げる情勢に完成を待つ余裕はないと、藩はイギリス商人から前装式エンフィールド銃の大量購入を決定してしまう。これまで後装式小銃の開発に精魂を傾けてきた村田にとって、この決定は忸怩（じくじ）たる思いがあっただろう。

※1　薩摩藩士がイギリス人を殺傷した生麦事件を契機として、文久3年(1863年) にイギリス艦隊と薩摩藩の間で生起した戦闘。薩摩側は砲撃による被害を受けたもののイギリス艦隊の撃退に成功し、以後両者は接近していった。

ひとまず小銃研究の道を諦めた彼が次に目指したのは、自らの射撃術をもって藩に貢献することだった。この時点でも彼の射撃の腕は群を抜いており、藩は洋式兵法を学ばせるため江戸に送り込む留学生7人の内の1人に彼を選ぶ。

英国の最新の歩兵操典を学ぶためには、どうしても英国公使パークスの覚えめでたくなければならない。一計を案じた彼は、パークスの護衛隊と射的の腕を競う射撃会の開催を持ちかける。

結果は、村田の圧勝だった。この一件でパークスの知己(ちき)を得た村田は英国流の射撃術や銃兵戦術を徹底的に研究し、薩摩へと凱旋帰国する。彼が持ち帰った歩兵操典は薩摩の兵制改革に益する所多く、この功により村田は薩摩藩砲術師範役を仰せつかり、独自の流派『村田流砲術』を旗揚げすることになる。

国産小銃第一号を開発

戊辰戦争では外城一番隊長として選抜銃兵隊を率いた村田は、鳥羽・伏見の戦いを皮切りに北越戦争、会津若松の戦いに参陣。特に北越戦争では最新式の銃火器を有する長岡藩の前に苦戦するも、彼もまた自身の射撃術と英国式の用兵を駆使して戦い抜いた。

戊辰の役が終わり、時代が明治へ変わると、彼は陸軍歩兵大尉に任官された。自ら進んで閑職を志願し、陸軍兵学寮戸山出張所(後の陸軍戸山学校)に独自の研究室を設けた村田は、再び新式小銃の研究開発を始める。当時の陸軍は各国から輸入した様々な形式の小銃を装備しており、村田はそれらの改造を手がけると共に、小銃の国産化に向け寝る間も惜しんで研究に打ち込んだ。

明治8年(1875年)、村田は兵器研究と射撃技術向上のため欧州派遣を命じられた。フランス、ドイツ、スイスなど各国の射撃学校や工廠を訪問していくが、行く先々で射撃競技会への参加を求められ、村田はそのいずれにも圧倒的大差で勝利する。

ついにはマルセイユで開かれた世界射撃大会でも堂々の優勝を飾ると、かの地の軍関係者は「東洋からやってきた射撃の名手」として最大級の賛辞を送り、彼に最新の小銃技術を惜しみなく伝授したのである。

一年間の欧州歴訪を終え、帰国した村田は欧州での経験を元に新型小銃の研究を再開するが、翌明治10年（1877年）に西南戦争（※2）が勃発。小銃の実戦データを取るため九州に向かった村田だったが、乱戦の中で負傷後送されている。

西南戦争の莫大な戦費は陸軍の財政を圧迫したが、幸いにも新型小銃の開発計画は最優先の事業として続けられることになる。自身の負傷によって時間的余裕を得た村田は病床でも設計図を引き続け、ついに明治13年（1880年）、フランスのシャスポー式改造グラース銃の機関部を簡略化して蛮用に耐えうるものとした国産小銃の開発に成功する。

正式名称『明治十三年大日本帝國村田銃』、またの名を十三年式村田銃。それは、鎖国以来300年に及ぶ停滞を経た日本の銃器技術が世界水準に追いついたことを示す殊勲の名銃であった。

その後の村田と村田銃

明治23年（1890年）、陸軍少将となっていた村田は予備役に編入され、軍の一線から退いた。6年後、男爵位を与えられ華族に列せられる。

その間、彼が開発した小銃は日本人の体格に合わせて寸法を調整した十八

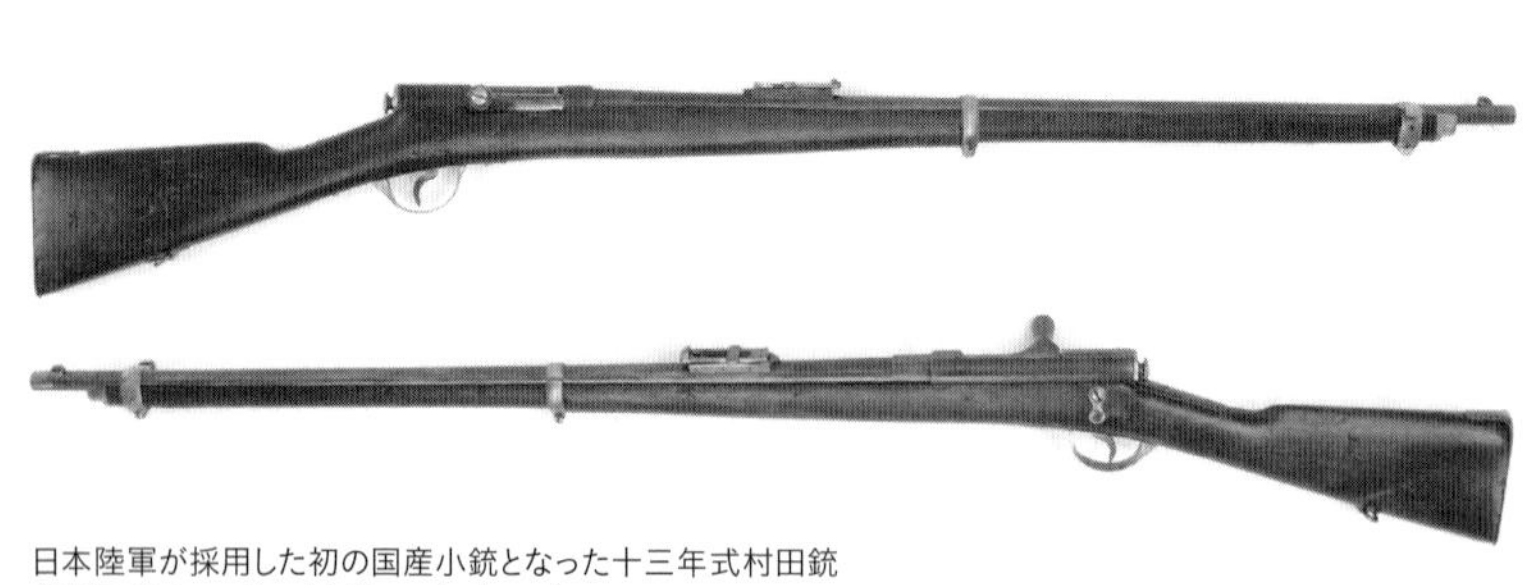

日本陸軍が採用した初の国産小銃となった十三年式村田銃
（写真／International Military Antiques）

※2　明治10年（1877年）、西郷隆盛を指導者として九州で生起した最大規模の士族反乱。政府軍により鎮圧され、西郷は自刃した。

年式村田銃、国産初の連発式となった二十二年式村田連発銃など4種類。さらに銃剣や擲弾銃など、村田が開発した装備品は多岐に渡る。陸軍はこれら村田が設計した火器をもって兵用装備を統一し、ついには日清戦争において雑多な装備を有する清国軍に対し優位に立つ一因となるのである。

日清戦争（1894～1895年）において二十二年式村田連発銃の一斉射撃を行う日本陸軍の歩兵部隊

そして、彼の射撃の腕は退役が間近になる頃には神業に近い域にまで達していた。不意に放り投げられた一銭銅貨と五厘銅貨に射撃を加え、50回中4発しか外さなかったという驚異的な記述が残されている。

かつて病弱だった少年の面影はなく、老いてなお矍鑠とした村田は屋敷に射撃場をしつらえ、息子や孫達と射撃を楽しんでいた。晩年に撮影された小銃を構える村田の写真が残されているが、銃身に幼児をぶら下げた状態で立射に構え、しかも寸分も銃口が下がっていないという膂力を見せている。

大正10年（１９２１年）、肝臓病のため死去。享年83。

彼の開発した村田銃はその後、新型の三十年式小銃に置き換えられていったが、散弾銃式に改造されて市井に放出されたものは長らく猟銃として活躍し続けた。パテント料も安く、また構造も簡単かつ強固であったことから多くの銃器メーカーでコピー品が生まれ、村田式散弾銃は１９５０年代まで日本を代表する猟銃であり続けたのである。

軍人として優れた点

優れた語学力、旺盛な研究心、常識にとらわれない発想力、発想を実現する能力

世界に知られた傑作小銃〝アリサカ・ライフル〟の生みの親

有坂成章（ありさかなりあきら）中将

日本陸軍

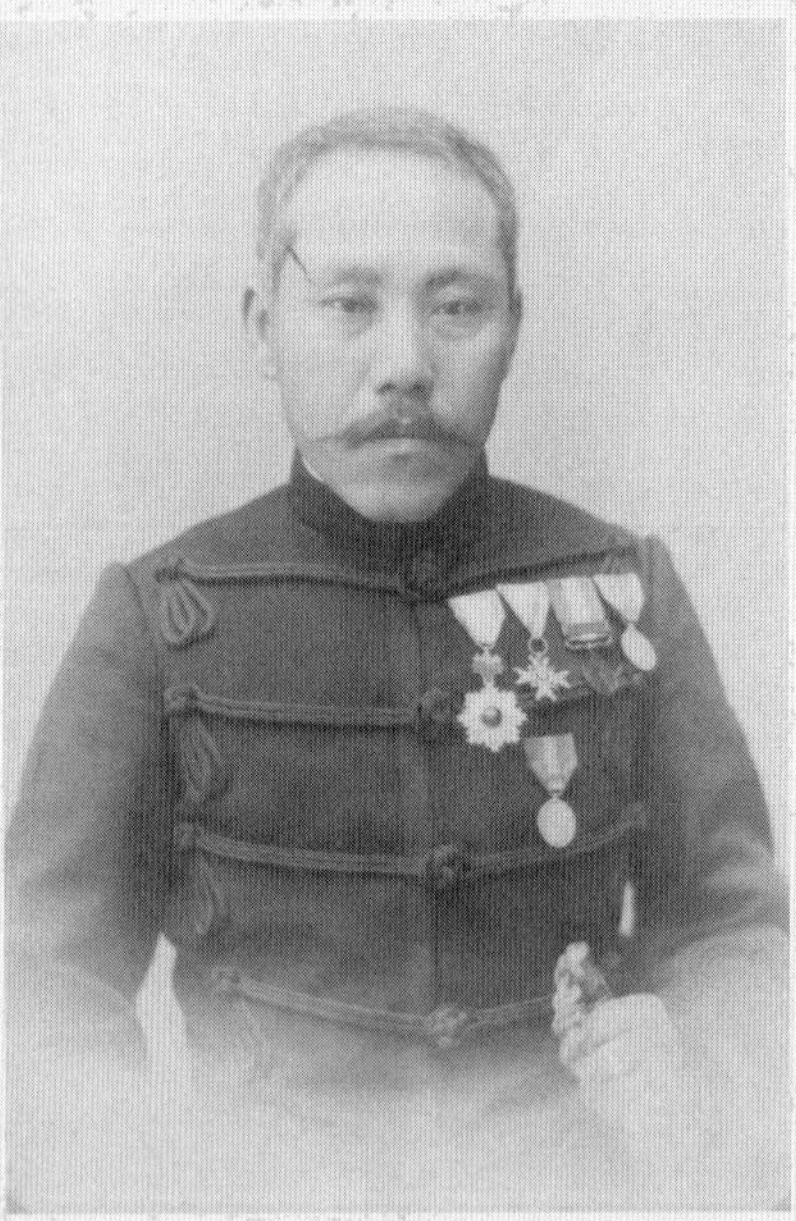

築城から火砲、そして小銃開発という数奇な経歴を辿った有坂成章。彼の開発した三十年式小銃、およびその改良発展型で太平洋戦争時の主力となった三八式や九九式などの日本軍小銃は今なお「アリサカ・ライフル」（Arisaka Rifle）と総称される

不遇をかこった青年期

国産初の量産小銃「十三年式村田銃」を開発し、日本銃器史にその名を残した村田経芳（前項を参照）。対して本稿で紹介する有坂成章は、同様に後世までその名が伝えられる小銃開発者でありながら、多くの点において村田と対極をなす存在であった。

薩摩屈指の銃兵として戊辰戦争、西南戦争の両戦役を戦い抜いた村田に対して、長州出身の有坂が生涯経験した実戦は岩国藩日新隊士として参戦した「鳥羽・伏見の戦い」ただ一度きりしかなく、またその事実も不確かなものでしかない。

村田は幼年期を除いて晩年まで頑健な肉体を保ち続けたが、有坂は若い頃から近視かつ病弱で、近所へ出向くにも車夫を呼ぶほどの極度の運動嫌い。さらには手洗い洗顔すら嫌うほどの風呂嫌いで、愛煙家だったがゆえに手指が常に煙草のヤニで黄色く染まっていたという。

そして両者を比較する上で最大の相違が、村田はその生涯を通して国産小銃の開発にその身を捧げたのに対して、有坂は全く異なる分野から時局の求めに応じて小銃の世界へと足を踏み入れた事だろう。

有坂成章という男の生涯を俯瞰すると、彼の行動は間違いなく奇人の範疇に入る。しかし当時の陸軍における兵器開発の多くに関わり、その頭脳をもってして後の陸軍の兵器体系に一つの道筋を付けたという点において、有坂は紛れもなく天才であった。

嘉永5年（1852年）4月5日に木部家の次男として生まれ、11歳で長州藩砲術指南役・有坂家の養嗣子となった有坂成章は、明治3年（1870年）3月に長州藩からの推挙を得て陸軍兵学寮に進む。ここでお雇いフランス人のヘボン大尉から工学全般の薫陶を受け優秀な成績を挙げた有坂だったが、その後のフランス留学の選から何故か洩れてしまう。理由は今もって判らない。

『校長（に）目ナシ』――有坂は、悔しさを滲ませながら兵学寮の便所に大書きした。時に明治6年。歩兵大尉であった村田経芳が同じく兵学寮に独自の研究室を構え、国産小銃の開発を本格的に開始した頃。

後にその功績から陸軍中将となり男爵に列せられる有坂だが、この時は自分に降りかかった理不尽に涙する、ただの一青年でしかなかった。

文官から築城を学び、火砲開発の道へ

明治7年（1874年）、陸軍兵学寮を中退し同校で語学教官となっていた有坂は、陸軍造兵司の土木部門へ出仕する。ちなみにこの時点で有坂の名は軍籍になく、まだ一介の文官に過ぎない。

有坂の仕事は、外国人視察団の通訳だった。理工学に明るく兵学に関しても高度な知識を有し、また英語・フランス語も堪能だった有坂はこの仕事に適任といえた。あわせて、時の陸軍卿・山縣有朋に視察団の行動を委細報告し、山縣の意向を視察団に伝える連絡役としての役目も担っている。

山縣には腹案があった。明治6年、陸軍に招聘されていたフランス教師団が、海を越えて来寇してくる敵艦隊に対抗するための沿岸要塞の建設を提案。翌年、陸軍参謀局は東京湾海防策をまとめ、それを受けた山縣は三浦半島観音崎と房総半島富津岬に近代砲台を築造する建議を出していた。

陸海軍内に薩長閥の権勢強かりし頃である。「海の薩摩」に対抗するため、「陸の長州」の代表たる山縣にとって東京湾への沿岸要塞建設は是が非でも実現させねばならぬ事業であった。山縣は、長州支藩の岩国藩出身である有坂をフランス人視察団に同行させ、最先端の築城技術を学ばせると共に、将来は彼を沿岸要塞の権威たらしめる事を考えていたのだ。

明治9年（1876年）より始まった東京湾要塞の建設は、途中で西南戦争による中断を挟みつつも着実

に進行していった。有坂は視察団に同行しながら、山縣の期待通りその最新技術を吸収していく。

明治13年（1880年）に着工した富津岬沖の第一海堡は有坂の設計案が採用され、この功績により有坂は明治15年、30歳になったのを機に陸軍砲兵大尉に任官された。そしてこの頃から、有坂の業務に火砲の研究が加わるようになった。

日露戦争の旅順攻囲戦に攻城砲として投入され活躍した二十八糎榴弾砲（中央）。本来は有坂が東京湾要塞に設置する対艦用の海岸砲として採用を推進したものだった

沿岸要塞には堅固な堡塁と共に、敵艦の装甲を撃ち破れる強力な火砲が必須となる。すなわち後年の有坂の評価を決定づける銃砲開発の才は、あくまで沿岸要塞の攻防力向上に向けた必要性の中から花開いたと言って良い。

当時の日本は、イタリアからの輸入砲を参考に二十八糎（センチ）榴弾砲の開発に成功していた。だが英独仏の火砲メーカーから相次いで27センチ加農砲が売り込まれ、これが命中率と威力を秤（はかり）にかけた、榴弾砲派と加農砲派の海岸砲論争へと発展する。

明治20年（1887年）、海岸砲制式委員会の委員となっていた有坂は二十八糎榴弾砲の採用を強力に推進した。低伸弾道で敵艦の舷側を直接狙う加農砲は確かに命中率こそ良いが、日々進化していく舷側の重装甲の前には早晩威力不足となる。それよりも曲射弾道で装甲の薄い上面を狙う榴弾砲の方が、命中精度は低くても海岸防備用には適している、と。

当時の日本では高腔圧に耐えられる砲身の製造ができなかった現実も重なり、有坂の思惑通り最初の国産海岸砲には二十八糎榴弾砲が採用される。有坂の火砲に対する知識の深さを見た陸軍は彼に新型野砲の開発も任せることを決定し、最新技術を学ばせるため明治25年（1892年）に欧州視察を命じた。欧州への夢破れた若き日から20年、彼の喜びは如何ほどであったろうか。

独クルップ社での1年間にわたる研究の末、帰朝した有坂は寝食を忘れて新型野砲の設計に没頭した。技術的難易度の高い駐退機はあえて採用せず、車軸にバネを仕込む事で砲車そのものを射撃位置に戻す、独自の砲車復座装置を組み込んだ有坂の試製一号砲は、明治29年（1896年）に完成。後に三十一年式速射野山砲として陸軍制式砲に採用され、大陸の戦場でロシア軍と砲火を交える事になる。

傑作 三十年式小銃を開発

後に「アリサカ・ライフル」と総称される日本軍小銃、その系譜の最初を飾る三十年式小銃の開発が始まったのは、試製一号砲の開発が大詰めを迎えていた明治29年の事である。

当時の陸軍の主力小銃となっていたのは口径8ミリ、前床弾倉式の二十二年式村田連発銃である。しかし満足な試作研究が出来なかったこの銃は、重心が前方に偏る上に銃弾を消費すると重心位置が徐々に移動していく機構上の欠陥を抱えており、また雷管暴発を防ぐため平頭弾しか使えない事も合わせて命中率に大きな難がある小銃であった。有坂は、この村田連発銃に代わる新たな主力小銃の開発を、わずか3カ月で行うよう命じられたのである。

有坂は前床弾装式を改め、諸外国の新型小銃と同様に箱形弾倉式とした。また生産性を上げるため機関部に部品点数の少ないコックオン・クロージング方式を採用したが、これにより各国制式小銃と比較しても抜きん出た堅牢性を併せ持つに至る。

この小銃で最も意欲的な点は、弾丸に6・5ミリ口径を採用した事だろう。無煙火薬と尖頭弾の採用により十分な低伸弾道を確保できると見越した有坂は、より多くの弾薬を携帯するのに有利な小口径高速弾の採用に踏み切ったのだ。

陸軍の制式小銃となった三十年式小銃は、その小口径から日露戦争の実戦の場で「不殺銃」との評判が立つ事にもなったが、何より日本人の体格にマッチした反動の小ささと命中精度の高さ、弾薬の携帯性の良さにより、後年に至るも6・5ミリ口径弾が陸軍小火器の標準口径となる端緒になった。

有坂の頭脳は留まるところを知らない。旅順要塞の攻防において日本から二十八糎榴弾砲が運び込まれ陣地攻撃に威力を発揮したのも、その苦戦を見た有坂の意見具申が元となっている。まさに日本陸軍は、日露戦争において有坂の手で生み出された各種の兵器を使い、そして有坂のアイデアを形とした戦術で、強大なロシア軍と戦ったのである。

しかし、知識溢れる頭脳を持つ有坂も、ついに病魔には勝てなかった。病弱ながら寝食を忘れて研究に没頭し、しかも稀に見る無精者で大酒飲みというその生活が災いしたのかもしれない。

明治44年（1911年）に脳溢血（のういっけつ）で倒れた有坂はそのまま待命となり、3年半後の大正4年（1915年）1月12日に62歳で死去する。それは小銃開発の偉大な先達であり、そしてある意味ではライバルといえた村田経芳がこの世を去る6年も前のことであった。

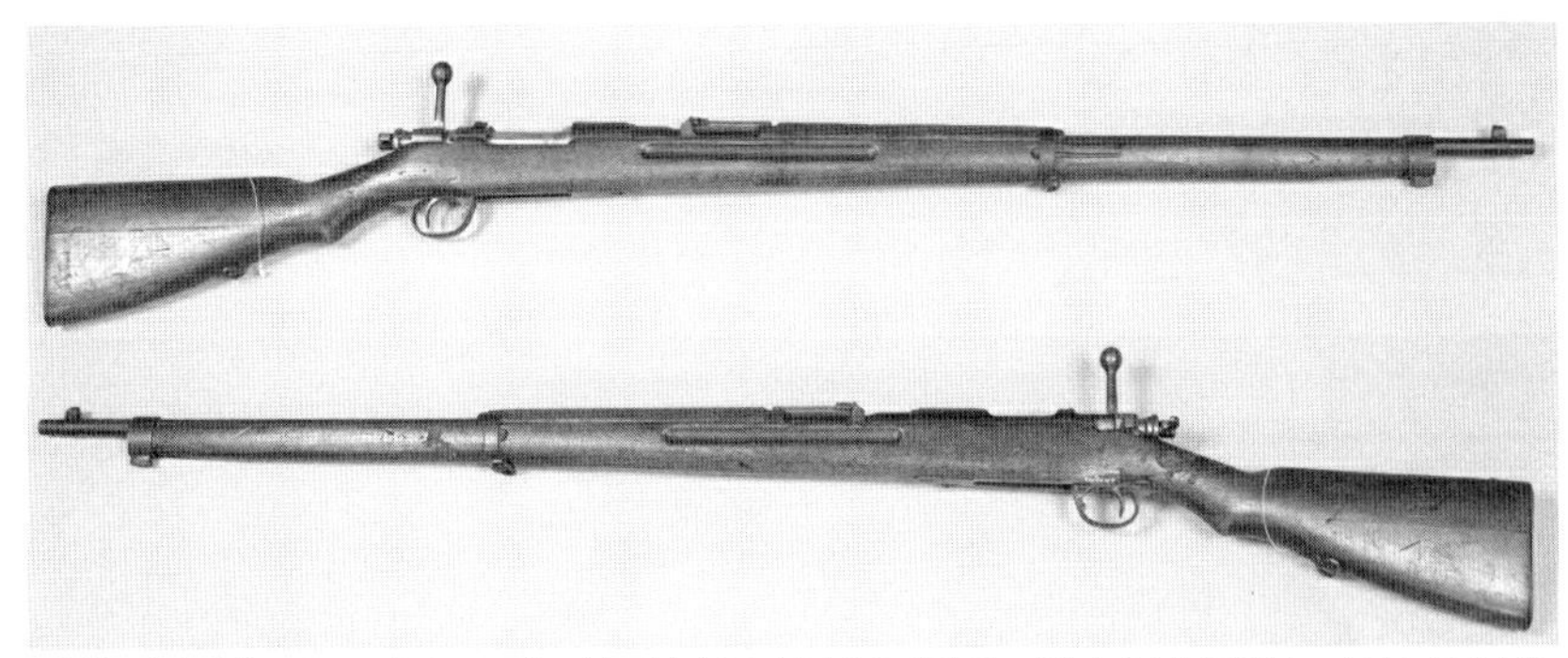

発射薬に無煙火薬を用い、口径を6.5㎜（三十年式実包）と小さく抑え、高初速で優れた命中率の銃となった三十年式小銃。三十年式歩兵銃とも呼ばれる（写真／The Swedish Army Museum）

大切なことを見極める能力、恩義に報いる姿勢、地勢を理解し戦略・戦術を立てる能力

終戦時に受けた恩義に報い中華民国を危機から救った英雄

根本博(ひろし)中将

日本陸軍

1891年、福島県に生まれた根本博は陸士(23期)、陸大(34期)を経て、参謀本部支那班長を務めるなど支那通として知られていた。大戦中はその経験を活かし、大陸方面で参謀職などを歴任。1944年11月に駐蒙軍司令官、終戦後の45年8月19日には北支那方面軍司令官も兼務した

抗命の誹りを怖れず、ソ連軍に徹底抗戦

昭和20年（1945年）8月15日。北京北西の町・張家口に、終戦を告げる詔が響いた。

だが、今なお北西方向からの砲声は途絶えていない。8月13日から本格的に始まったソ連軍の内蒙古侵攻に対して、張家口北方の丸一陣地に篭った駐蒙軍が必死の防戦を続けていたのだ。

当時、張家口には内蒙古全体より避難してきた在留邦人4万人が収容されていた。ここで駐蒙軍が戦いを放棄すれば、4万人の同胞は瞬く間にソ連軍に蹂躙され、満州のそれを上回る惨劇が展開されるはずだ。駐蒙軍司令官の根本博中将は自らが戦犯となるのを覚悟で、避難民全員が列車で天津へ脱出するまで部下に陣地の死守を命じた。

武器弾薬兵力、いずれも乏しい駐蒙軍兵士たちは根本の死守命令によく応えた。8月15日以降も戦闘は継続され、ソ連軍を一兵たりとも万里の長城から南に進ませることはなかったのだ。

ソ連側からの厳重な抗議を受けて、支那派遣軍総司令部から戦闘停止と武装解除の命令がもたらされたが、根本はこれを真っ向から拒否する。

「理由の如何を問わず、陣地に侵入するソ軍は断乎之を撃滅すべし。之に対する責任は一切司令官が負う」

8月21日、最終列車の出発を見届けた後、駐蒙軍は隠密裏に北京へ向けて後退する。根本は国民党政府と終戦交渉に臨み、内蒙古からの避難民を含む北支残留の日本人と全将兵、あわせて75万人の祖国引き揚げを実現させた。

8月15日以降、満州で多くの日本人が斃れた一方、中国本土にいた約200万人の軍人・民間人はほとんどが無事に復員を果たしている。それは様々な思惑が働いた結果とはいえ、蒋介石のいう『以徳報怨』（※）の令達に理由の一端があったのは紛れもない事実である。

※　怨みを抱いている者に対しても徳をもって接すること。

根本は国府側との交渉の中で、幾度となく蒋介石との直接会談の場を得ている。一連の会談を続けていく中で、彼の蒋介石に対する恩義は何にもまして大きなものとなっていった。

そしてこの事が、後に根本を危機迫る台湾へと走らせる大きな要因となるのである。

蒋への恩に報いるため、私財を投げ打ち密航

昭和21年8月。根本は大陸での残務処理を終えて日本へと帰還した。その後3年の間、根本は東京・鶴川の自宅で畑仕事と釣りの日々を送る。知人の店で店番を務めたこともあったが、元陸軍中将の貫禄にお客のほうが逃げ出し、わずか一日で音をあげてしまったという。

根本が慣れぬ市井の生活を送っている頃、この年の6月から再燃した大陸の国共内戦は急展開を迎えつつあった。アメリカからの支援が先細りとなった国府軍に対して、共産軍はソ連から膨大な支援を受け取って強力な野戦軍へと変貌を遂げていた。

三度の大会戦に敗退した国民党は多くの兵員を失い、海を越えて台湾に臨時政府を置く。もはや蒋介石に残された地歩は台湾と福建省沿岸部、それに飛び地となった四川・雲南周辺のわずかな土地しかない。

蒋介石が最後の望みをかけたのは、日本だった。第三代台湾総督だった明石元二郎（あかしもとじろう）の長男、明石元長（もとなが）を仲介として、蒋介石は経験豊かな元日本軍人を自軍に招き入れることを構想していた。そして、蒋介石の意向を受けて明石が探し出した適任者こそ、今は東京で無為徒食の日々を送る根本博だったのである。

台湾に渡った根本博（左）と蒋介石（右）、通訳の吉村是二（中央）。根本と蒋介石の飾らない笑顔から、二人が強い信頼で結ばれた友人のような関係であったことが分かる

その頃、すでに根本は台湾へ渡る時を探り続けていた。国民党が絶望的な状況にあるなか、今こそ自分が台湾へと渡って国府軍を支援することで、かつて200万の日本人を救ってくれた恩に報いたい、と。

しかしGHQの命令により台湾への渡航は禁止されており、密航以外に台湾へ渡る方法はない。根本は趣味で集めていた骨董や書画を売り払い、さらに知人に無心して金を作ってまで、台湾密航のチャンスを窺っていたのだ。

昭和24年（1949年）6月26日、根本は宮崎県延岡の海岸から、明石が手配した小型船に乗って船出した。出発時の根本は、官憲の目を欺くために釣竿を持った普段着だったという。艱難辛苦の末、一行が台湾の基隆（キールン）に上陸したのは、それから14日後のことであった。

金門島の防衛に貢献

根本は中国名「林保源」として国府軍中将の階級を与えられ、第五軍管区総司令官・湯恩伯将軍の軍事顧問に迎えられた。

すぐさま一行は、大陸本土に残された国府側最後の拠点・厦門（アモイ）に渡る。根本は、即座にこの地域の防衛が不可能であることを悟った。厦門は島とはいえ三方が本土と接していて、しかも大陸と島を隔てるのは500m～2kmほどの海峡でしかない。この細い水路越しに三方向から砲撃を加えられれば、この人口20万を超える大都市・厦門は大混乱となり、国府軍は身動きが取れなくなってしまう。

そこで根本が目をつけたのは、厦門の沖合に浮かぶ金門島だった。東西20km、南北16kmの金門島は、人口およそ4万人。大陸からは船を使う以外に渡る手段は無く、渡海能力の低い共産軍は軽装備での上陸を余儀なくされるだろう。島は中央部がくびれた瓢箪（ひょうたん）形をしており、東西の連絡を絶つために敵は必ずや中央部への上陸を企図するはずだ。上陸地点が特定できるなら、事前の防衛線構築もやり易くなる。

根本は、厦門を決戦場としていた国府軍の作戦計画を変更し、金門島に防衛の重点を置くように進言した。湯将軍の承認を得ると、根本は兵士達を指揮して島の要塞化を急速に進めていく。

10月1日、中華人民共和国の建国宣言。そして13日、勢いに乗って大攻勢をかけてきた共産軍の前に、わずか1日で厦門が陥落する。根本の予想通り、三方から波状攻撃をかける共産軍に対して国府軍はまともに対処できなかったのだ。

そして、10月24日。ついに金門島への攻撃が始まった。本土から長距離砲の支援を受け、徴用した漁船に分乗した共産軍約2万人が島中央部の砂浜に上陸。東西分断を目指して南部への侵攻を開始する。だがその進撃は、すぐに砂浜を囲むように構築された陣地群の前に停滞した。あらゆる障害物の陰には必ず塹壕が掘り抜かれ、そこから守備隊は猛烈な射撃を加えてきたのだ。それはまさに、太平洋戦争末期に日本軍が見せた防御戦術そのものだった。

かつて日本軍は兵力に勝る米軍に対して勇戦するものの、やがてその巨大な火力の前に玉砕している。しかし火力が不足している共産軍に対しては、徹底的に陣地に頼るこの戦法こそ最大の効果を発揮すると根本は踏んだのだ。

やがて、島中央部の高地を占領したところで攻撃衝力を失った共産軍はじりじりと後退し、島北部の小村・古寧頭(こねいとう)に押し込められてしまう。ただちに国府軍は、わずか3輌の戦車をも繰り出して反撃を開始。海岸線に追い詰められ、しかも乗ってきた船を尽く焼き討ちされて退く事もままならない共産軍は、対岸に中国本土を眺めながら砂浜を鮮血に染めて壊滅する。

「古寧頭戦役」と呼ばれるこの3日間の死闘は、中華民国の台湾への撤退以降、初めての国家崩壊の危機を勝利で乗り切った戦いであった。これ以降、金門島は幾度も共産軍からの攻撃を受けるが、根本が推進した要塞化は年を経てさらに増強され、ついに共産軍に寸土たりと明け渡すことはなかった。現在もなお、金門島は大陸本土に最も近い中華民国領として重要な存在であり続けている。

語り継がれる功績

1952年（昭和27年）6月、根本は旅立った時そのままの釣竿に普段着という格好で帰国した。根本の密航はマスコミの糾弾に晒されたが、時の吉田茂総理は「そのようなこともあったかもしれない」と答弁を避ける。根本自身もマスコミの前にほとんど姿を見せず、1966年に死去するまで鶴川の自宅で安穏とした日々を送っている。

そして、時は流れて2009年。台湾で古寧頭戦役60周年の記念式典が開かれ、日本からは明石元長の子息・元紹氏と、根本の通訳を務めた吉村是二の子息・勝行氏が招かれた。

「彼らの奮戦は軍人の最高の武徳を示したものであり、彼らの頑張りと犠牲がなければ、その後の台湾の成功の経験はなかったのである」

中華民国総統・馬英久は、居並ぶ軍関係者を前に粛々と挨拶文を読み上げた。長い朗読の後、彼は誤つことなく日本からの参列者に駆け寄り、日本語でこう告げたのである。

「今日は、よくぞいらっしゃいました。ありがとうございました」

反日派として知られる馬総統の、日本語での感謝の言葉。これこそ台湾の人々の記憶に、根本が命がけで示した義が今なお息付いている証左なのかもしれない。

古寧頭戦役の様子を記した絵画。同戦役には国府軍の虎の子のM3スチュアート軽戦車も投入され、装備の貧弱な共産軍上陸部隊に大打撃を与えて「金門之熊」と称された（写真／古寧頭戦史館）

軍人として優れた点
戦場の流れを読む洞察力、勝機を捉え逃さない決断力と行動力、常識にとらわれない発想力、部下を安心させる能力

日露戦争における采配で世界を驚嘆させた野戦指揮官

黒木為槙（ためもと） 大将

日本陸軍

実直な軍人肌で出世欲や政治への関心もなかったという黒木為槙大将。日露戦争の軍司令官で元帥になっていないのは、黒木を除けば元帥号を固辞した乃木希典（第三軍司令官）だけである

泰然自若にして機を見るに敏

日露戦争において満州軍第一軍を率いて戦野にあり、緒戦の鴨緑江渡河作戦から遼陽会戦、沙河会戦、奉天会戦と連勝を重ね、ついには「日露の勝敗は第一軍の働きによって決した」と後世に言わしめた男、黒木為楨。

太平洋戦争中の昭和17年（1942年）に出版された『近代日本名将伝』において、黒木はこのように記述されている。

遼陽会戦における黒木為楨（右手前で双眼鏡を覗いている人物）とその参謀たち。同会戦では第一軍所属の第二師団が戦史上前例のなかった「師団規模の夜襲」を敢行し（弓張嶺夜襲）、激戦の末に敵防御線を突破した

「……彼は将として部隊の上に立つや、大綱を握んで細事に拘泥せず、また常に沈黙を守って容易に動かず、部下をして仰いで山嶽よりも重きを感ぜしめ、真に将に将たるの器量を具えていた。しかもその兵を行るや、すこぶる老練にして、あたかも老船頭が潮の満干を見て天候を観測するように、戦闘の潮合を見ることまさにそのようであった」

遼陽会戦の頃。右翼に布陣した第一軍は夜襲によってロシア軍第一線陣地を突破、当初の計画通りロシア軍の側背を突くべく運動を開始した。ところが、これに呼応して攻勢をかける左翼第二軍の進撃が、ロシア軍の必死の防戦の前に停滞をきたしてしまう。

第一軍の司令部幕僚は、戦局に寄与するため全滅覚悟で即時突進するか、それとも冒険は避け安定した地歩を築くかで意見が二分する。判断に迷った藤井茂太参謀長は、裁可を仰ぐべく黒木の下に走った。

黒木は、司令部の外の草原に新聞紙を敷き、肘を枕に眠り込んでいた。藤井の声に起き上がった黒木は、即座に「今は決して進出する時機にあらず」と答え、再び新聞紙を被って横臥（おうが）してしまう。

呆気にとられた藤井だったが、果たしてロシア軍は包囲されることを危惧して第二軍正面の兵力を後退させ、代わって右翼の第一軍に対して猛攻を仕掛けてきた。しかし、これにより進撃を再開させた第二軍は遼陽の西方へと速やかに布陣。戦局不利と見たロシア軍総司令官クロパトキンは、全軍を北方へと退却させるのである。

後に、藤井は「あの時、閣下は本当に眠っていらしたのですか」と黒木に問うたことがある。状況が思わしくないことに不貞腐れ、狸寝入りをしていたのかと疑ったのだ。

「いや、本当に眠ってたよ。何しろこちらは少なく、敵は百門以上の大砲があって、それも益々増加するばかり。儂（わし）が起きてどうかしたとて仕方ないから寝ておったのだ――」

まさに泰然自若にして、戦機を読むに老練なる船頭の如く。

黒木は、古今あらゆる将がかくあれかしと望む気質を備えた、生粋の〝薩摩武士〟であったのだ。

戊辰から日清戦争まで

黒木為楨は天保15年3月16日（1844年5月3日）、薩摩藩士・帖佐為右衛門の三男として鹿児島・下鍛冶屋町に生まれた。後に同じ薩摩藩士の黒木家へ養子に出され、以降は黒木姓を名乗る。

郷中教育では西郷吉之助（後の西郷隆盛）の薫陶（くんとう）を受けつつ、剣術として薬丸自顕流（やくまるじげんりゅう）を修めた。薬丸自顕流は別名『野太刀（のだち）自顕流』とも呼ばれ、「神速」と「剛剣」に重きをおく剣術である。一の太刀に全てを賭け、二の太刀以降は負けと同義というその激烈な剣術は主に薩摩藩の下級武士に信奉者が多く、後に日露戦争に従軍した中では第四軍司令官の野津道貫（みちつら）、海では東郷平八郎らがいる。

西郷から受けた郷中教育と薬丸自顕流の思想は、黒木という男の人間形成に大きな影響を与えた。机上の論理よりも自らの経験を重視し、果断にして一度決めたらひたすら突き進む。まさに薩摩武士としての類型を、ひたすら磨き上げ昇華したような男が黒木だった。

戊辰戦争では鳥羽・伏見の戦い、宇都宮城攻防戦、会津戦争、箱館戦争と主だった戦いに従軍。明治4年（1871年）には陸軍大尉として御親兵一番大隊附となり、翌年には陸軍少佐として近衛歩兵第一大隊長に任ぜられる。

黒木の剛毅な性格は時の陸軍首脳部のみならず宮家からも信任厚かったらしく、彼は勃興期の陸軍近衛において基幹人員と目され、その後の軍歴を見ても様々な近衛部隊の指揮官職を歴任している。

西郷隆盛の下野には泰然として動かず、西南戦争では別動第一旅団第二連隊長として各地を転戦。平定後は中部監軍部参謀、参謀本部管東局長の他はひたすら部隊指揮官として経歴を重ね、明治27年（1894年）の日清戦争勃発時には熊本第六師団長の職にあった。

着任から1年半にわたって鍛え上げた第六師団の精兵を指揮し、戦場を駆け回る機会を黒木は待ち続ける。しかし、いっかな出征の命令が下りてこない。やきもきする間に先発の第一軍は連戦連勝、ついには鴨緑江を越え要衝の鳳凰（ほうおう）城まで陥落させてしまう。

第六師団に動員令が出たのは、戦の趨勢がほぼ決まった明治28年（1895年）1月。唯一の軍功といえば、威海衛（いかいえい）の南方要塞群を抜いたこと。激戦だったとはいえ黒木にとっては不満の残る出征だったらしく、凱旋後に帰宅した際には恤兵部（じゅっぺい）から配られた大量のチリ紙を投げ出して「おい、戦地の土産はこれだけだぞ」とうそぶいた話が残っている。戦後はその軍功により男爵位を得るが、この程度の働きで爵位を得たことが恥ずかしいと周囲に洩らしていたという。

当時の陸軍にとって第六師団は切り札であり、来るべきロシアとの戦いを前に温存策を採った、という説がある。その上で、黒木を対露戦において軍司令官とするべく、戦争の勝敗が見えた段階で出征させて軍功を立てさせた……その真偽は定かではないが、これ以降の黒木は近衛師団長、西部都督、軍事参議官と短い間に要職を歴任していくのだ。

各国観戦武官が瞠目（どうもく）した日露戦争での采配

明治37年（1904年）2月。対露戦備動員が下令され、黒木は陸軍大将として第一軍総司令官に親補。翌月、黒木と第一軍は仁川近郊の鎮南浦に上陸した。鴨緑江においてロシア軍と最初の矛を交えたのは、それから約1カ月半を経た5月1日のことである。

日本軍の最先鋒であった第一軍には、各国から多数の観戦武官が同行している。その顔ぶれがまた凄まじい。英国からは、後の第一次大戦でガリポリ上陸作戦を指揮するイアン・ハミルトン。米国はジョン・パーシング（後の欧州派遣軍司令官）に、アーサー・マッカーサー（ダグラス・マッカーサーの父）。そして独逸からは、第8軍参謀としてタンネンベルク会戦を指揮するマクシミリアン・ホフマン。

まさに、第一次大戦で敵味方に分かれて争うことになる列強各国の、選び抜かれた頭脳が集ったと言っていい。20世紀最初の近代総力戦となった日露戦争に各国は注目し、その戦訓を学び取ろうと最高峰の士官達を送り込んだのだ。

そんなきら星の如き観戦武官達の前で、黒木は次々と勝利を収め続けた。作戦目標の明確化とそれを達成するための臨機応変な戦術の選択。兵力の速やかな移動と適切な配置。緊要地形の把握とその確保の重要性――。

一つ一つは当時の軍事学でも常識とされる事だったが、それらを緊密に組み合わせ、適切なタイミングで着実に実行していくのは非常に難しい。しかし黒木は、戊辰の役以来培ってきた戦場の流れを読む洞察力と愚直なまでの一途さ、そして機会を掴めばそれを絶対に逃さぬ決断力で、第一軍を一個の生物のように指揮し続けた。

教科書的な戦い方だけではない。それまでの戦術の常識を塗り替える新たな方策も、それが必要とあらば黒木は躊躇（ちゅうちょ）無く採用した。遼陽会戦における師団規模の大規模夜襲は、その最たるものだろう。

ゆえに、第一軍に同行した各国の観戦武官は黒木の戦いに驚嘆し、その指揮に大いに学び、そして戦後は『生粋の野戦指揮官、ゼネラル・クロキ』として賞賛の言葉を惜しまなかった。一説には、タンネンベルク会戦でホフマンが採ったロシア軍に対する各個撃破作戦は、日露戦争における黒木の戦いに範をとったものであるともいわれる。

そして、戦後。黒木はその戦功が認められて伯爵に叙せられたが、同僚が次々と元帥府に列せられる中で彼はついに元帥となることはなかった。その剛毅な性格と独断専行をも辞さぬ猛進さが不評を買ったという説があるが、定かではない。

しかし黒木自身は、元帥の肩書きよりも一個の野戦指揮官としてあり続けたいとの思いを、友人への手紙の中で語っている。

大正12年（1923年）8月3日、東京青山の自宅にて79年の生涯を閉じる。その知らせは遠く欧州へ飛び、「海の東郷」と並ぶ「陸の黒木」の死を各国は大いに悼んだのである。

1904年10月の沙河会戦後に撮られた黒木為楨（手前中央）および第一軍司令部と各国観戦武官らの記念写真

自らを律する能力、臨機応変さ、果断なる姿勢、苦難に動じない胆力

恩人に報いるべく死地へ赴いた〝不死身〟と呼ばれた潜水艦長

板倉光馬(みつま) 少佐

日本海軍

戦後、『あゝ伊号潜水艦』をはじめ海軍と潜水艦に関する多くの著作を残したことでも知られる板倉光馬少佐(最終階級)。終戦時は回天隊指揮官で自決も考えたものの、説得を受けて回天隊の戦後処理にあたった

少尉時代の一大不祥事

昭和10年（1935年）秋。夕闇せまる東京・芝浦の桟橋で、板倉光馬少尉は同僚たちに押さえつけられていた。自らが乗る軽巡洋艦「最上（もがみ）」の鮫島具重（さめじまともしげ）艦長を、衆人環視のもとで殴りつけてしまったのだ。

この年の9月、いわゆる「第四艦隊事件」（※1）を乗り切った「最上」は東京湾へ入った。酒に目がない板倉は久々の上陸を大いに楽しみ、午後5時30分の帰艦時刻を前に桟橋でランチ（※2）を待っていた。

ところが、待てど暮らせど「最上」のランチがこない。とっくに予定時刻は過ぎ、今や桟橋に立つのは「最上」の乗員だけである。今日は艦長を訪ねる来艦者が多く、どうやらそのためにランチの出発を遅らせているらしい。

艦の最高責任者が、私用のために公用便を遅らせるとは――日頃から時間を守らぬ士官を苦々しく思っていた板倉は、酔いもあって苛立ちを抑えきれなくなっていた。その時、ようやく「最上」のランチが桟橋に到着した。中から鮫島艦長が夫人を伴って降りてくるのを見て、板倉は叫び声を上げながら突進していた……。

海軍において、上官への暴行は不名誉除隊に匹敵する重罪だ。私室で謹慎する板倉の脳裏に浮かぶのは、兵学校入学を祝ってくれた両親の顔と、共に苦労を分かちあったクラスメイトの顔だったという。

やがて、板倉は艦長に呼び出された。左頬を腫らせた鮫島艦長は、苦悩の表情を浮かべながら語りかけてきた。

「板倉少尉、どうしても酒は止められないか」

「ハッ。禁酒を誓いましたが、おそらく続かないと思います。艦長には、ただただ申し訳なく思っております」

「どうしても腑に落ちない。酒のせいとは思えないのだ。何か訳があってのことではないのか?」

※1　昭和10年9月26日、海軍大演習のために臨時編成された第四艦隊が台風に遭遇し、駆逐艦2隻が艦首を切断するなど、多数の艦艇が損傷を受けた事件。「最上」も船体に損傷が生じた。

※2　艦載艇の一つで、陸上との連絡、兵員や物資の運搬に用いられたエンジン付きの小型船。

懇々と問う艦長の言葉に、もはや除隊を覚悟した板倉はその気持ちを率直に訴えた。戦時において下士官兵は帰艦時刻に遅れると逃亡罪が適用されるが、士官に罰則はない。故に自ら律して帰艦時刻を守ろうとしていたのに、艦長の私用でランチが遅れたことは納得がいかない。時間にルーズな士官が多いところ、艦長には率先して時刻を守っていただきたかった……。

「そうか、そうだったのか。何ぶんの指示があるまで、今まで通り艦務に服したまえ」

「最上」艦長時代、板倉少尉に温情ある処分を下し、後に第八艦隊司令長官となった鮫島具重中将（最終階級）

鮫島艦長は明るい顔で膝を打った。狐につままれたような心持ちの板倉を乗せ、「最上」は母港への道程を急ぐ。従容として刑を受け入れるべく私物の整理を進めていた板倉は、やがて自分にもたらされた電報に目を疑った。

「海軍少尉板倉光馬。『青葉（あおば）』乗組を命ず」

さらに数日後、ひとつの海軍次官通達が全軍に布告された。

「高級士官といえども帰艦時刻は厳守すべし」

自らを殴った一少尉のために、艦長が次官へ助命嘆願したことは明らかだった。感激のあまり言葉もない板倉に、鮫島艦長はこう語ったという。

「『青葉』に着任したら、向こうの艦長には良く指導して貰いたまえ」

――後に、日本海軍潜水艦隊において不沈の潜水艦長として勇名を轟かせる板倉光馬にとって、この出来事は終生忘れ得ぬ記憶として刻まれることとなる。

昔日の恩に報いるべく、決死の輸送作戦に挑む

兵学校の遠洋航海で始末書8枚の大記録を残すほど、反骨精神旺盛で横紙破りの常習者。かつ誰もが驚く大酒飲みで、冒頭のものを含め酒にまつわるエピソードも数知れず。

しかし兵学校を116名中7位、潜水学校高等科は首席で卒業しており、決して頭脳に劣る訳ではない。臨機応変、そして果断なる判断力を有しつつ、いかなる苦難にも動じない胆力を併せ持つ。板倉光馬は、まさに潜水艦に乗るために生まれてきたような男だった。

逸話の多い板倉の軍歴の中でも特に輝いて見えるのは、やはり潜水艦長時代のものだろう。

例えばキスカ撤退支援のため濃霧のアムチトカ島近海を浮上航行中、ただならぬ殺気を感じて急速潜航を命じ、敵のレーダー射撃を回避したこと。ソロモンで輸送任務に就くため移動中、敵哨戒機から攻撃を受けるも、甲板上にいた総員に帽振れを命じて味方と誤認させ、その第一撃を不発に終わらせたことなど。

戦争中に沈めた敵艦は1隻のみ、しかも米軍記録に該当船舶はないという生涯戦果ながら、彼はなぜ最高の潜水艦長の一人として名を上げることになったのか。それは度重なる絶体絶命の危機から生還してみせた、ただの運というだけでは計れない彼の類い稀なる任務成功率の高さゆえだった。

そして運命は、そんな板倉にある感動的な再会を演出する。ラバウルへ進出した彼の伊41に対して、第七潜水戦隊司令部はブーゲンビル島ブインへの輸送任務を命じたのである。

昭和18年（1943年）11月1日、米軍はブーゲンビル島西岸のタロキナ岬に上陸。これにより日本軍守備隊は、北部のブカと南部のブインに分断されてしまう。特に敵の完全な制海権下におかれたブインの状況はより深刻で、周辺海域は十重二十重に機雷が敷設され、さらに昼夜を問わず魚雷艇が出没し、ブインへ向かう日本の輸送部隊を阻み続けていた。

さすがの板倉も、この時ばかりは不安を覚えずにはいられなかった。しかし、現地で待つ第八艦隊の司令長官があの鮫島具重中将だと聞かされて、板倉は在りし日の恩に報いるため、この任務を絶対に完遂する決意を固める。

ブーゲンビル島へは遠く迂回して東から接近する航程を取り、昼間は浮上航行、夜は潜航して、レーダーで捜索する敵の裏をかく。武装大発の援護を受けながら機雷原の只中に開かれた細い航路を潜り抜け、ブインに到着したのは出港から4日目の夜のことだった。

すぐさま伊41に大発が取り付き、荷揚げ作業が始まる。乗り込んできた参謀に、板倉は鮫島長官への手紙と共にウイスキーの入った小包を託した。

「八年前、長官を殴った一少尉が、潜水艦長としてブイン輸送の命をうけて参りました。往時を回想し感慨無量であります。小包の品は私の寸志であります。末筆ながら司令長官閣下ならびに守備将兵のご健闘とご武運の長久を祈ります」

帰路は機雷原とリーフの間にある狭い浅海面を、日没直後に浮上突破する策をとった。夜の帳が完全に下りてしまうと、海面上からは暗礁が見えなくなってしまう。前方警戒しながら暮れゆく太陽を追いかけるように、伊41は高速で波打ち際を駆け抜けていった。

2回目の輸送は、第八艦隊司令部が伊41を名指しで切望するかたちで決行された。入港直前に敵哨戒機に発見され、潜航してやり過ごすことになったものの、予定より4日遅れて伊41はブインへと到達する。板倉に届けられたものは、鮫島長官からの分厚い封筒だった。

「決死の大任誠にご苦労。輸送途絶以来数ヶ月、物資の欠乏その極みに達し、自滅寸前、貴艦によって補給された喜びは筆舌に尽くし難し。兵馬倥偬の間に託された芳墨深謝す。同封のものは本職つれづれなるまま

写真は公試中の伊45潜。ブインへの輸送作戦で板倉が指揮した伊41の同型艦で、巡潜乙型改一（伊40型）に属する

に作りたるもの、ご使用下されば幸甚の至り――」

封筒に入っていたのは、椰子（やし）の葉茎で作られたパイプが7本。これは玉砕を覚悟した長官が我々に託した形見の品なのだ……板倉は6本を部下に配り、残る1本を大切に保管した。もし万が一の事あらば、誰かが鮫島長官の家族の元へ届けてくれると信じて。

それは、かつて自らの不徳で恥辱を被らせ、しかし不名誉退役の危機から救ってくれた大恩人に対する、板倉なりの感謝の証だった。

空き瓶に詰まった大恩人からの思い

終戦から12年を経た、昭和32年（1957年）。海上幕僚監部に非常勤嘱託として勤務していた板倉は、目黒の鮫島邸を訪れていた。横浜の戦犯法廷で涙の再会を果たして以来、鮫島とは5年ぶりの対面である。

かつて「最上」で板倉を救い、そして終戦までブインを守りきった勇将は、脳溢血に侵され言葉もままならぬ身体を病床に横たえていた。枕元で見舞う板倉に、鮫島は静かに笑いながら震える指で箪笥（たんす）の上を示した。そこにはサザンカが活けられたウイスキーの角瓶が置かれている。怪訝に思う板倉に、傍らに控えた夫人が言った。

「主人は着の身着のままでブーゲンビルより帰ってきましたが、この瓶だけを大事に抱えてきたのです。訳を尋ねたところ『これは板倉艦長が命がけでブインに持ってきてくれたものだ、これだけは手放せなかった』と……」

板倉は、声を上げて泣いた。

あの「最上」での一件から、じつに22年。板倉は1本の空き瓶を通して、ようやく自らの感謝の気持ちが鮫島に届いていたことを知ったのである。

部下を気遣える繊細さ、危機に直面してもひるまない豪胆さ、操艦の知識と技術、強運を引き寄せる力

豪胆にして部下からの信望も篤い日本海軍随一の名駆逐艦長

寺内正道（まさみち）中佐

日本海軍

堂々たる体躯に八の字髭がトレードマークだった寺内正道中佐。駆逐艦や小艦艇の乗組員、いわゆる「車曳き」らしい、豪放な人物像が伝えられている

部下の母を気遣う豪胆にして繊細な大男

昭和20年（１９４５年）２月、呉市内のとある旅館での話である。

フィリピンでの戦いが終盤を迎え、硫黄島に敵が上陸して激しい地上戦となっていたこの頃。最後の戦いの予感を前に、市内では家族との束の間の、そして最後の団欒の時を過ごす海軍兵の姿で賑わっていた。駆逐艦「雪風」の尾上三郎通信士もその一人である。乗艦の呉在泊にあわせ、尾上は遠い故郷から母と妹を呼び寄せて、胸中に宿った不安を押し殺しつつ家族との静かな夕餉を味わっていた。

突然、廊下の戸が開け放たれ、部屋の中に一升瓶を抱えた男達がなだれ込んできた。先頭きって部屋に踏み込んだのは、戸口に身体がつかえるかと思うほどの大男である。尾上は驚いた。どこから話を聞きつけてきたのか、彼らは「雪風」で生死を共にする士官一同だったのだ。

いきなり部屋の中で始まるドンチャン騒ぎ。目を白黒させている母の前に、大男はどかりと座り込むと、旅館中に響き渡るような胴間声で言った。

「あなたの息子が死ぬ時は私も死ぬのだから、なぁんにも心配しなくていいですよ、お母さん！」

母は、ハッと驚いた風だった。彼女も不安だったのだ。本土も連日の空襲に苛まれている今、そう遠くない未来に息子が最後の戦いへと赴くであろうことを、心のどこかで察していたのだろう。そんな母の不安を、大男は見抜いていたのだ。

母は大男の手を取り、何度も頭を下げながら言った。

「どうぞよろしくお願いいたします。これで何も思い残すことはございません。本当にありがとうございました……！」

口元にはピンと八の字に髭を立て、柔道四段で体重90kg。部下には篤く、酒を飲めば斗酒なお辞せず、幾多の激戦場を無傷のまま潜り抜けてきた豪胆かつ強運の駆逐艦長。

その大男——寺内正道の温かな人間性と古武士のような風格を、尾上の母はその後永く懐かしがっていたという。

駆逐艦「電（いなづま）」艦長として多くの激戦を経験

寺内正道は明治38年（1905年）、栃木県に生まれた。海兵55期卒業、同期には後にスイス駐在武官となって終戦工作に奔走する藤村義朗、軍令部作戦課員となる鈴木英（すぐる）などがいる。恩賜組で卒業した藤村や鈴木とは異なり、寺内の成績は卒業120人中119位と文字通り落第寸前であった。

だが、豪胆をもって鳴る寺内の評判は、早々にして海軍内に響き渡ることになる。第一次上海事変で陸戦隊小隊長となった寺内は、歴戦の陸軍兵でも尻込みするような弾雨の中を部下に先んじて突進し、柔道で培った強靭な肉体をもって幾度も敵陣の中を駆け巡る離れ業を演じるのである。部下に対しては人情に篤く、敵を前にすれば恐れることのない「鬼の小隊長」として、上海の現地部隊はおろか当時の海軍全体でも寺内の名を知らぬ者はなかったという。

一方で、その評判とは裏腹に寺内の昇進は遅れ続けた。部下を愛するが故か、はたまた自らの立場というものに頓着しなかったのか、上官に反抗的とみなされた寺内は大尉を7年間も続けている。前線勤務が続けば昇進が早い傾向にある海軍で、これは異例のことだった。ようやく少佐に昇進した後も、他より昇進の速度が半年は遅れている所からみても、寺内の上官に対する態度は筋金入りに不遜なものだったのだろう。

第十四号哨戒艇の艇長を皮切りに車曳き生活に入った寺内は、続いて昭和16年（1941年）2月に駆逐艦「栗」艦長に任じられ、この艦で太平洋戦争の開戦を迎える。老朽化著しかった「栗」は揚子江流域の警備や船団護衛、哨戒など主に戦線後方での任務に従事。この頃の寺内の逸話としては、上海で人力車を呼ん

寺内正道 中佐

寺内は写真の「電」艦長に着任後間もなく、第三次ソロモン海戦に参加している。
寺内の艦長在任中、不思議と本艦は損傷らしい損傷を受けることはなかった

だ時に車夫に成り代わって部下の車を曳こうとするなど微笑ましいものが多い。

そして、戦局はついに寺内を最前線へと招くこととなる。昭和17年（1942年）11月6日、寺内は駆逐艦「電（いなづま）」艦長に就任。そのわずか3日後、「電」はガダルカナル島砲撃を目指す挺身攻撃隊の一艦としてトラック島を出撃する。

近代海戦史上未曾有の大型艦同士の近接戦闘となった第三次ソロモン海戦において、「電」は戦艦「比叡」「霧島」を護りつつ獅子奮迅に駆け巡った。

いまだ艦の挙動に慣れず、部下達の顔すら満足に覚えきれていない。それでも寺内は「電」を必死に操り、混乱する海域で鬼神の如く戦い続けた。「比叡」「霧島」をはじめとする多くの艦が傷付き斃（たお）れていく中で、寺内が率いる「電」はほぼ無傷の状態で二度の夜戦を潜り抜け、トラック島への帰還を果たすのである。

それからの寺内は「電」を駆って、太平洋の戦場を東奔西走し続ける。ガダルカナル島への鼠（ねずみ）輸送、ニューギニアへの強行輸送、北太平洋に転ずればアリューシャン列島キスカ島への二度の輸送作戦と、まさに馬車馬のように働き続けた。敵機の猛爆を受けてもわずかな損傷のみで切り抜ける「電」をして、いつしか幸運艦の二つ名を頂戴することになる。

幸運艦「雪風」との出会い

そして、この時ソロモンには「電」と並んで幸運艦の名を頂くもう一隻の駆逐艦があった。太平洋戦争の開戦から第一線に立ち続け、「電」を上回る苦難の戦場から幾度も無傷同然に帰還し続ける、陽炎型駆逐艦8番艦。その名を「雪風（ゆきかぜ）」という。

いかなる思惑が働いた結果なのだろうか。今や海軍最高の駆逐艦長の一人として勇名を轟かせていた寺内に、昭和18年（1943年）12月10日付で「雪風」艦長となる辞令が発令されたのである。

着任の日、寺内は上甲板に全乗員を集め、自慢の八の字髭を反り返らせるように訓示した。

「この寺内が艦長の間は、本艦はいかに敵艦や飛行機がやってきても絶対に沈むことはないんじゃ！　なぜ沈まんかというと、それはワシが艦長をしとるからじゃ、別に不思議なことはあんめえ。心配せずに持ち場で働け！」

奇跡の駆逐艦「雪風」と、剛運をもって鳴る寺内正道。両者を彩る伝説の、それは始まりの瞬間であった。

マリアナ沖海戦では推進器破損のため補給部隊の護衛任務となったが、続くレイテ沖海戦では主発電機故障をおして参加、「金剛」「榛名」を擁する第二夜戦部隊の一艦として戦場を駆け巡った。サマール沖での遭遇戦で、沈みゆく米海軍の駆逐艦「ジョンストン」から脱出した乗組員が目撃した「敵駆逐艦の艦橋上で敬礼を送る居丈夫の士官」とは、他ならぬ寺内だと考えられている。

レイテ沖の敗戦から本土へと戻る途中、台湾海峡で「金剛」「浦風」の戦没にも遭遇した。さらに本土空襲の激化を受けて横須賀から呉へ回航することになった巨大空母「信濃」の護衛艦となり、同艦の潮岬沖での最期を看取ることにもなった。

だが戦後に寺内が語ったところによると、「雪風」艦長として在任中に経験した戦いのうち、最も印象に残

寺内正道 中佐

太平洋戦争後半に寺内が艦長を務め、日本海軍最高の幸運艦としてその名を残した駆逐艦「雪風」。
坊ノ岬沖海戦では友軍が次々と脱落する中、寺内の巧みな操艦もあって軽微な損害で生還した

っているのは昭和20年（1945年）4月の沖縄水上特攻だという。

　この戦いで寺内は艦橋天蓋から首だけを出し、襲い来る米艦載機の群れと対決する。煙草をふかしながら三角定規で敵機のあたりを取り、真下にいる航海長の肩を蹴って右へ左へと操艦し続けた。無数に立ち昇る水柱の中から無傷で現れ、「ワレ戦闘航行支障ナシ」と信号を送る「雪風」の勇壮な姿は、まさに日本海軍の最後の意地を体現するかのようであった。

　5月、東シナ海から帰還した「雪風」は砲術学校練習艦として舞鶴へ回航され、そして寺内もまた呉防備戦隊付となり艦を離れることとなる。第十四号哨戒艇を皮切りに小艦艇を渡り歩いた寺内の車曳き人生はここに幕を閉じ、彼は乗員すべてに見送られて「雪風」を後にした。

　そして、終戦。戦後の寺内家は公職追放の煽（あお）りを受けて極貧の中で過ごした。農家の庭先にある小屋を借りて一家で住み、寺内は靴下の行商を、夫人は小屋の片隅で小さな文房具屋を営んで糊口（ここう）を凌いだ。

　やがて故郷・栃木で専売公社の職を得た寺内は、元・乗員達で作る「雪風会」の一員として、中華民国への賠償艦となった「雪風」の返還活動にも参画。

　昭和53年（1978年）1月19日、東京・狛江の慈恵医大病院にて死去。今際のきわ、朦朧（もうろう）とした意識の中でさかんに拍手を打つ寺内は、夫人に「これから靖国へと行くんだ」と答えたという。

軍人として優れた点

任務に対する覚悟、発明の才能、造船に関わる能力、海外で人脈を築く能力

大西洋の波間に消えた日本海軍技術士官の至宝

友永英夫（ひでお）中佐

日本海軍

日本海軍の造船士官として、特に潜水艦に関連する発明で大きな功績を残した友永英夫中佐。その自決は戦死として扱われ、庄司中佐とともに死後、大佐に進級している

独潜水艦内での自決

1945年5月13日。カナダ・ハリファクス沖、大西洋。

この日、二人の日本海軍技術士官が隠し持っていた睡眠薬「ルミナール」を飲んで命を絶った。一人は、航空機エンジンの開発者である庄司元三技術中佐。そしてもう一人が、本稿の主人公となる潜水艦技術の権威、友永英夫技術中佐である。彼らは友邦ドイツにおいて技術習得の後、遥か日本を目指すヨハン・ハインリッヒ・フェラー大尉率いる潜水艦U234に便乗して帰国の途についていたのだ。

しかし、5月7日にドイツは連合国に降伏。喜望峰に向けて大西洋を南下中だったU234は、カール・デーニッツ提督の指令を受けて降伏準備に入った。10日には連合軍側から『U234はハリファクス沖へと向かい英軍に降伏せよ』との指示が届き、U234は浮上して黒い降伏旗を掲げ、大西洋を西に向かって走り始める。

その頃、艦内では降伏に反対する二人の日本人と乗員の間で一触即発の状況となっていた。

「降伏は考え直していただきたい。本艦に搭載された貨物と我々便乗者は、ドイツと日本の間で交わされた契約によって移送されているものです。その契約は一方的に破棄されるべきものではありません」

U234には、ジェット戦闘機Me262、ロケット戦闘機Me163それぞれ2機分の部品に、BMW航空エンジンや各種レーダーの設計図、プラチナ等の希少金属のインゴット、それに多量の「酸化ウラニウム」などが積載されていた。いまだ連合国と戦争状態にある日本にとって、U234がもたらす戦略物資はどれほどの価値を秘めていることか。

二人の日本人は、言葉を尽くして説得を重ねた。だが、フェラー艦長の降伏への決意は固い。昨日までは友邦で立場を同じくする戦友であったものが、今や完全に敵と味方に分かれてしまったのだ。

艦長には、艦と乗員の安全を守る使命がある。このまま二人を艦内で自由にさせていては、あるいは艦を自沈させるため破壊工作に及ぶかも知れない。士官の中からは友永と庄司を捕虜として扱うべきとの意見も飛び出し、フェラー艦長は二人に艦を破壊しないことを誓って欲しいと訴えた。

「降伏が決定したのなら仕方ありません。しかし我々は降伏する訳にはいきません。破壊行為もしませんので、ご安心下さい」

二人の答えに自決の気配を悟ったフェラー艦長は、彼らの様子を注意深く見守るよう部下に厳命する。しかし二人は乗員の目を盗んで、全ての機密書類を海中に投棄し、艦長宛の遺書をしたためてから、自らにあてがわれたベッドへ横になって致死量の睡眠薬を呷(あお)ったのである。

ベッドのカーテンにぶら下げてあった遺書には、ただ静かに死なせて欲しいこと、遺品は乗員で分け合うこと、そして遺体は水葬にして欲しいことが、淡々と記してあった。すでにアメリカ海軍の駆逐艦が800m先を先導している。彼らに見つからぬよう翌日の深夜を待ち、エンジン故障を装って艦を停止させたフェラー艦長は、当直を除く全乗員を甲板上に整列させた。

新しい防水カンバスにくるまれ、錘(おもり)を結わえたハンモックに収められた二人の遺体は、乗員の敬礼に見送られながら大西洋へ葬られた。艦長の祈りの言葉が低く響くなか、漆黒の海に立った波紋はいつまでも消えることなく、まるで志半ばで逝った彼らの無念が形となって表れたかのようであった。

写真右の人物がU234艦長のヨハン・ハインリッヒ・フェラー大尉。ドイツ降伏後は日本人便乗者を中立国に運ぶことも考えたが、乗員の安全を確保する責任もありアメリカへの降伏を決意する。友永・庄司の自決後は米軍の目を盗んで両名を水葬に付した

造船士官として天賦の才を発揮

明治41年（1908年）12月6日、友永英夫は韓国東莱府（現・釜山広域市）でダム建設にあたっていた土木技術官、友永染蔵の三男として生を受けた。間もなく家族は日本に帰国し、友永は鳥取で多感な少年時代を送る。

東京の第一高等学校を経て、昭和4年（1929年）に東京帝国大学工学部船舶工学科に入学。一年生の終わり頃に、友永は海軍委託学生の選抜試験を受けて合格を果たす。

空前の不況下にあった当時の日本において、海軍から月額45円が支給される委託学生の座は造船技師の卵たちにとって憧れの道であったが、それよりも友永は海軍造船官ならではの自由な気風にこそ憧れたのかも知れない。

当時の民間造船界は海軍の指導下にあって建造する船種は限られ、また設計にも一定の制限が設けられて技術上の挑戦が難しかった。その点、海軍での軍艦設計は大胆な着想が許され、また海軍造船官になると外国留学や海外勤務も期待できたのである。

昭和7年（1932年）4月、東京帝大を優秀な成績で卒業し、海軍造船中尉に任官。造船士官としての基礎教育課程に進み、実習では軽巡洋艦「阿武隈（あぶくま）」や特務艦「間宮（まみや）」の艤装に参加する。本格的に造船士官として歩みはじめた友永は、昭和11年（1936年）12月に佐世保海軍工廠造船部の潜水艦設計主務部員に着任。以降の友永は、潜水艦の技術開発において次々と目覚ましい成果を挙げていくのだ。

一つは自動懸吊装置の発明がある。これは潜航深度を一定に保つのに従来は電動ポンプによって注排水を行っていたものを、水圧計に接続された弁の開閉によって注排水を行うようにしたものだった。艦の深度を一定に保つ時ばかりか上昇下降の際にも電動ポンプを不要とし、その作動音を抑えて静粛性が向上する画期的な発明である。

加えて、艦が損傷した際に漏れた燃料油の帯によってその所在が暴露することを防ぐ、重油漏洩防止装置の開発にも成功している。これは燃料タンク内部を常に低圧に保って漏洩を防ぐもので、友永は海水の流入経路の途中に小型ポンプを設置することで技術的難題を解決したのだ。

この二つの発明によって友永は海軍技術有功章を連続で二度受章したが、同章を複数回授与された者は日本海軍史上において友永ただ一人である。

さらには深々度潜航中にも使用できるタンク式トイレの開発、甲標的の固縛方法の改良、後に名潜水艦長として名を上げる板倉光馬が応急用として考案した区画ブローの実用化……友永が持って生まれた天賦の才は、まさに潜水艦の技術開発という場において大きく花開いたのだ。

友永がドイツ派遣を命じられたのは、太平洋戦争開戦後の昭和18年（１９４３年）８月。マダガスカル沖で迎えのＵボートに移乗し、かろうじてドイツに到着した友永を待っていたのは造船技術者達からの白眼視だった。それまでの遣独作戦でドイツに到着した伊号潜水艦を技術的な観点から見学していた彼らは、日本の造船技術を低く見積もっていたのだ。

しかし、友永がもたらした自動懸吊装置と重油漏洩防止装置の先進性に驚愕した彼らは、日本の造船技術、何より友永に対する評価を１８０度転換する。

友永の明るく社交的な性格と物怖じしない積極性は多くのドイツ人の心を掴み、軍極秘であるＵボートの技術情報を惜しげもなく友永に提供した。徐々に戦雲が暗く重苦しいものとなっていくこの時期、ドイツ技術者達が与えてくれた友好の情に彼はいたく感銘を受けており、友永にとってこのドイツ滞在の期間はまさに至福の日々であったに違いない。

だが、それ故に帰路の大西洋上で見せつけられた同じドイツ人からの酷薄な対応は、彼らへ大いに親しみを感じていた友永には非情というより他はなく、自ら死を選ばざるを得なかった友永の絶望がどれほど大きなものであったのか察するに余りある。

輸送品にまつわる謎

友永の死には、一つの謎が残されている。それは、彼がＵ２３４を使って運んでいた「酸化ウラニウム」とは何なのか、現在に至るも詳細が明らかにされていないことだ。

一説には、その正体は原子爆弾の材料となる核物質であったとされている。日本への出発前、キール軍港に停泊するＵ２３４へ多数の木箱を運び込む友永の姿を乗員の多くが目撃しているが、その木箱にはＵ２３４ではなく何故か「Ｕ２３５」という別の艦名が記されていたという。これがもし艦名ではないとするなら、「Ｕ２３５――すなわちガンバレル型原爆の反応材となる「ウラン２３５」であり、後にアメリカの手で精製されてMk.１型原爆「リトルボーイ」の一部になったのではないか、という噂が根強く存在するのだ。

1945年5月14日、米海軍の護衛駆逐艦「サットン」に降伏するドイツ潜水艦U234。友永は本艦で日本に帰国するはずだったが、キール軍港を出発後にドイツが降伏してしまい、同乗の庄司中佐とともに自決した

現在もなおアメリカは、マンハッタン計画においてガンバレル型原爆をどのように研究・開発し、そして材料をいかにして入手したかについては多くを非公開としている。友永が運んでいた「酸化ウラニウム」の正体が判明するのは、いつか為されるであろうマンハッタン計画の全貌公開を待たねばならず、あるいはその時こそ大西洋上に消えた一人の海軍技術士官の足跡全てが明らかとなるのかも知れない。

軍人として優れた点

飛行士としての技術と知識、指揮統率能力、部下と強い信頼関係を築く能力

歴戦の猛者たちを統率した母艦航空隊搭乗員の先駆者

亀井凱夫（よしお） 大佐

日本海軍

日本海軍の戦闘機搭乗員としては先駆者に当たる亀井。海軍は昭和2年（1927年）に亀井を欧州へ派遣し、約一年半にわたって英空軍で空戦訓練を受けさせた。帰国した亀井が著した『空中戦闘教範草案』は、それまで戦闘機による空中戦に定見を持っていなかった海軍へ一定の道筋を示した

世界的な偉業、実戦機での夜間着艦

昭和5年（1930年）3月。深夜の東京湾上空は厚い雲が垂れ込め、伸ばした指先も見えぬ深い闇に包まれていた。

前方はるか彼方を、ぼんやり輝く光の城が進んでいる。それは飛行甲板へ応急的に電灯を設置し、強い北風に抗って進む航空母艦「赤城」の姿であった。

夜空に頼りなく浮かぶ三式艦上戦闘機、その操縦桿を握る亀井凱夫大尉はゆったりとフットバーを踏み込み、「赤城」の航跡上へ愛機を滑らせる。旋回性能に優れる三式艦戦だったが、その反面に低速飛行時の安定性にはいささか欠ける。ここからは慎重に慎重をかさねて機体を操っていかなければならない。

大正10年（1921年）のワシントン条約締結後、日本海軍は戦艦に代わる新たな正面戦力として空母に着目し、その実戦化に精魂を傾けてきた。大正12年（1923年）2月、元英空軍大尉のウィリアム・ジョルダンが空母「鳳翔」への着艦を成功させたのを皮切りに、3月には吉良俊一大尉が日本人初の着艦に成功。12月には亀井と、そして同期の馬場篤麿（あつまろ）中尉がそれぞれ成功し、吉良・馬場・亀井の三人は「着艦三羽烏（さんばがらす）」と並び称されることになる。

空母という新艦種を十全に活用するためには、昼間だけではなく夜間の離着艦についてもノウハウを得ることが必要だ。しかし海軍は、夜間離着艦実験について慎重を期した。亀井らが初着艦に成功した7年後、遂に海軍は新鋭空母「赤城」を使った夜間離着艦実験を実行に移す。すでに一三式艦上攻撃機を使った1、2番機は着艦に成功していたが、問題は亀井が操る三式艦戦の3番機だった。

水冷エンジンで機首周りが細い一三式艦攻と違って、空冷の三式艦戦は機首が大きく前下方の視界が悪い。闇夜のなかで空と海面は容易に見分けがつかず、排気管の炎は暗闇に慣れた目から視力を奪い去る。

日本海軍の三式艦上戦闘機。当時の飛行機には水平儀や旋回計などの姿勢指示計器が備わっていなかったため、機体の上下左右の傾き具合はすべて搭乗員自らの感覚に頼らねばならなかった

軍令部長をはじめ海軍の重鎮が「赤城」艦上から見守るなか、亀井の三式艦戦は時おり強風に翼を揺らめかせながら高度を下げていく。視界すら定かではない状況のなかで、亀井は経験に底上げされた五感を研ぎ澄ませ、まさに全身全霊をかけて機体を正確に降下コースへ乗せ続けた。

やがて、上下の翼をつなぐ翼間支柱とワイヤーの間から、夜でもはっきりとわかる白い航跡が見えてきた。この航跡をたどった先に「赤城」はいる。亀井は左手をスロットルレバーに添えて、その瞬間を待つ。

艦尾後方に渦巻く下降気流に乗って、フッと機体が沈み込んだ次の瞬間。それまで黒々とした海面と白い航跡しかなかった眼下の風景が、黄色い表示灯で照らされた木製の飛行甲板へと切り替わった。亀井はスロットルを絞り込んで機体を失速させ、まるで蜻蛉（かげろう）のように柔らかく車輪を甲板へ触れさせる。それは海軍航空隊において長く語り草となるであろう、見事な「二点接地」（※）であった。

「赤城」艦上に歓声が沸き起こる。亀井らの成功は、世界的にもまだ成功例の少ない夜間着艦を実戦機で成功させた偉業であると共に、将来の海軍航空隊に24時間態勢の作戦行動を可能とさせる道筋を与えた一歩であったからだ。

母艦航空隊搭乗員の先駆者として、その名を大いに高めることになった亀井凱夫。あるいはこの瞬間こそが、彼にとって人生の絶頂であったのかも知れない。

※　当時の縦索式着艦装置では、前輪の鉤に制動索を掛けて機体を静止させる構造上、機体を水平に保ち前輪を先に接地させる二点接地が模範とされていた。この頃の「赤城」は縦索式の末期の頃である。

信頼が導いたフィリピン空襲の成功

亀井は「龍驤」「加賀」それぞれの飛行長を歴任しているが、当時は日本海軍に4隻しかなかった空母の飛行長を都合三度も務めた例は珍しい。自身も優秀なパイロットである亀井ほど搭乗員の心の機微を捉えるのに長けた士官は他におらず、また上層部もそのように考えていた節がある。

そして昭和16年（1941年）4月、第三航空隊司令に着任。通常は鹿屋空、台南空など所属基地を冠して呼ばれるが、三空をはじめナンバー名の航空隊は事変に際して特設された航空隊であり、すなわち一朝事あらば海軍の尖兵となることを宿命付けられた航空隊であった。

当初は九六式陸攻をもってフィリピンやグアム、ニューギニア方面の隠密偵察を行っていたが、9月には零式艦戦60機を擁する戦闘機部隊へと改編される。海軍初の戦闘機のみで編成された部隊の創設に際して、亀井はその搭乗員の人選に一切手を抜くことはなかった。

海軍搭乗員の先駆的存在である亀井は、どこの部隊にどのような能力を持ったパイロットがいるのか全て頭に入っている。亀井の口利きで三空に招かれた搭乗員は一癖も二癖もある者ばかりだったが、全員が中国戦線において実戦を経験した猛者だった。傍若無人をもって鳴る赤松貞明をして、三空の搭乗員は「空の与太者」「清水一家」だったと形容するのだから推して知るべしである。

そんな男達を、亀井もまた次郎長のように厳しく統率した。

「一旦基地を飛び出したなら、戦場に着かなければ帰ってくるな。戦場でエンジンが停まったら手でプロペラを回して飛んでこい。途中で帰ってきたらぶった斬るぞ！」

そんな亀井の振る舞いを、後に赤松は「血も涙もない」と冗談めかして評するが、一方で「我々と司令の間には、不思議と相通じるものがあった」と答えている。空の侠客にも例えられる戦闘機搭乗員にとって、亀井は厳しくも親しいカミナリ親父であったのだ。

部下との篤い信頼関係があればこそ、良いアイデアを積極的に上申してくる環境が生まれる。

開戦となればフィリピン上空の制空権を確保する任務が充てられていた三空だったが、当初はルソン島近傍に展開した空母から作戦を行うことが想定されていた。だが、いくら強豪が集う三空といえど離着艦訓練には時間がかかり、また充てがわれた3隻の軽空母では少数機を五月雨式に投入するしか手がなかった。

かつて零戦の開発に携わり、現在は三空の飛行長を務める横山保大尉は、これに敢然と異を唱えた。横山は中国戦線での経験から、燃費を抑えて飛べば台湾からルソン島までの往復1000浬を飛ぶことができ、また充分な戦闘滞空時間も確保できると見越したのだ。横山は燃費実験の結果を添え、三空副長の柴田武雄中佐を通じて上申。これを受けた亀井は第十一航空艦隊の大西瀧次郎参謀長に直談判し、ついに台湾からの直接攻撃へ作戦が変更されたのである。

昭和16年（1941年）12月10日。悪天候の合間を縫って行われたフィリピン空襲は、空中警戒していた米比空軍が燃料補給のため着陸したタイミングに重なるという奇跡にも助けられ、完全なまでの成功を収める。米比空軍としてもまさか北方の台湾から直接攻撃を仕掛けてくるとは考えておらず、空母を警戒して東の洋上を中心に哨戒網を広げており、敵を発見できなかったことで油断を招いたのは間違いない。

それはまさに、海軍搭乗員の父として部下から篤い信頼を勝ち得た亀井だからこそなし得た勝利であった。

グアム島で無念の玉砕

昭和17年（1942年）11月、亀井は改装中の潜水母艦「大鯨」艦長に就任。搭乗員出身でひたすら航空畑を進んできた彼のような人物が大型艦の指揮を預かるのは、日本海軍においては非常に珍しい。

空母へ改装された「大鯨」は「龍鳳」と名を変え、12月11日に最初の航海へ出発したが、八丈島の南東海上で敵潜からの魚雷攻撃を受けて中破したことは不幸というより他はない。

その後、「龍鳳」艦長として約一年半を海の上で過ごした亀井は、昭和19年（1944年）3月に第五二一航空隊司令に就任。同隊はグアムを拠点として新鋭の陸上爆撃機「銀河」96機を擁し、絶対国防圏防衛の主力爆撃隊として編成された部隊であった。

昭和16年（1941年）12月10日、日本海軍機による空襲を受けて炎上するフィリピン、ルソン島の米海軍施設

だが、6月11日のマリアナ空襲で地上待機中の全機を喪失。哨戒中だった4機とヤップ島に派遣していて難を逃れた少数の残存機を用いて反復攻撃を行ったが、わずか10機程度では戦局を覆すには至らず、全戦力を払底した五二一空はマリアナ海軍航空隊へと転換される。航空隊と名は付いているが、その実態は1機の稼働機もなく、生き残りを集めた飛行場防衛用の地上部隊であった。

7月21日、グアム島へ米軍が上陸。司令部のある又木山の壕から見上げる空には敵機が乱舞し、かつて海軍指折りの戦闘機パイロットだった亀井にとってどれほど悔しく思えたことだろう。

亀井の死は、公式には8月10日。しかし末期に従兵として傍にいた藤本利雄氏によると、亀井は8月11日に拳銃で自決したと証言する。享年48。

旺盛な戦意、勝機を捉え逃さない決断力と行動力、挺身、信義を貫く姿勢

挺身敢闘の意気高く仁義に殉じた生粋の水雷屋

佐藤康夫 大佐

日本海軍

優れた水雷戦隊指揮官だった佐藤康夫大佐(戦死後中将)。毎日200本近い煙草を吸い、大酒呑みで無類の甘党、潮に撚れきった軍衣を羽織る無精者でありながら、生涯を通じて軍医長が舌を巻くほどの健康体だった

ダンピール海峡に消ゆ

敵機の猛爆を受け、沈み行く司令駆逐艦「朝潮(あさしお)」の艦上。脱出を迫る兵学校の後輩へ、男は静かに答えた。

「いや、俺はもう疲れたよ、あとを頼む――」

それが、戦争勃発以来27回もの海戦を戦い抜き、地獄の如きガダルカナル島輸送作戦で11回の成功を収めた、日本海軍生え抜きの水雷屋が残した最期の言葉だった。

男は、いかなる戦闘においても常に冷静だった。機を見るに敏、しかしそこに勝機を見出すや、敵の猛烈な砲火の中を誰よりも奥深く艦を進ませ、必殺の魚雷を叩き込む。類まれなる判断力、巌の如き勇気、そして豪放なる容貌。決戦に際しては味方に先んじて敵艦隊へと突っ込むことを任務とする日本海軍水雷戦隊。そこで必要とされる能力を、男はすべて備えていた。

男の名は、佐藤康夫。彼の最期の地はニューギニア島フォン半島クレチン岬東南東沖合。一般に『ビスマルク海海戦』、ダンピール海峡の悲劇と称される戦いの中での出来事である。

今度の戦争は命を賭けた丁半博打

明治27年（1894年）3月31日、東京府文京区小石川生まれ、静岡育ち。

猛勉強の末に海軍兵学校（44期）に入学した佐藤は、得意の柔道で向かうところ敵無し。短躯ながら鬼の如き気迫で相手に迫り、重量感のある身体から繰り出される技の鋭さに、同期生から「ブルドッグ」という渾名(あだな)を頂戴した。

しかし成績はあまり奮わず、95名中85番で兵学校を卒業。大正6年（1917年）12月に海軍少尉へ任官された佐藤は、運送艦「能登呂(のとろ)」分隊長を皮切りに海軍士官としての人生を歩み始める。

水雷学校高等科を卒業して名実共に水雷屋となった佐藤は、駆逐艦「欅」乗組の後に防護巡洋艦「矢矧」水雷長、潜水母艦「韓崎」水雷長、第11号掃海艇（元・神風型（初代）駆逐艦「長月」）艇長を歴任。以降は「楓」を始まりに「桃」「春風」「敷波」「暁」と駆逐艦長として数々の艦を渡り歩く。

第五駆逐隊司令に在任中の昭和15年（1940年）11月、海軍大佐に進級。この時の佐藤の逸話が残っている。駆逐隊の佐官を集めた宴会を開くとき、佐藤はいつも郷里・静岡を思い出すように、清水次郎長の浪曲を歌うのが常だった。当時、「春風」航海士として佐藤の指揮を得ていた西野恒郎氏は、その時の光景を調子外れの歌声と共にはっきり覚えているという。

ある時、佐藤は西野少尉の杯に酒を注ぎながら「なぜ俺がこの歌を歌うのか判るか」と問うた。「わかりません」西野少尉が答えると、佐藤は決意に満ちた表情で言った。

「何時か米国との戦争が始まる。今度の戦争は無傷では済まない。戦争が始まったら俺は駆逐艦を率いて、殺るか殺られるか敵艦に向かって魚雷を撃ち込みに行くんだ。博徒が丁半を賭けるように」

兵学校の卒業以来、佐藤は一介の車曳き（※1）として常に海軍の先頭にあり、海の上から日本を取り巻く情勢をつぶさに見守ってきた。強大な敵を前にしての、命を賭けた丁半博打。自らを海道一の侠客と重ね合わせることで、佐藤は来るべき米国との戦が並々ならぬ苦闘の連続になることを予見し、そして戦いに望めば槍の穂先として戦い抜く覚悟を、その歌に込めていたのだ。

水雷屋の気概「後ろを見るな。前へ！」

太平洋戦争の開戦を第九駆逐隊司令として迎えた佐藤は、その決意の通り縦横に大洋を駆け続けた。スラバヤ沖海戦には第四水雷戦隊の一隊として「朝雲」「峯雲」を率いて参加、カレル・ドールマン少将のＡＢＤＡ艦隊（※2）と真っ向からぶつかり合う。

※1　駆逐艦や小艦艇の乗組員を指す俗称。
※2　アメリカ(America)、イギリス(British)、オランダ(Dutch)、オーストラリア(Australia) 各海軍の艦艇により結成された連合軍の艦隊。

この時、両軍の艦隊は遠距離での砲雷戦に終始していたが、佐藤の率いる第九駆逐隊は四水戦の雷撃避退後もなお発射命令を出さず、ただ2隻で敵艦隊に接近し続けた。激戦の中で味方から離れ行く状況にたまりかね、「朝雲」艦長の岩橋透中佐が意見具申する。

「このままだと我々のみでの単独襲撃となります。距離8000mで発射、反転してはいかがでしょうか」

佐藤の返答は、ただ一言だった。

「艦長、後ろを見るな。前へ!」

スラバヤ沖海戦で佐藤が率いた第九駆逐隊の駆逐艦「朝雲」。ABDA艦隊の駆逐艦「エレクトラ」の砲撃を受けて一時航行不能となるも、佐藤大佐の「砲は人力で操作せよ、砲撃を続行せよ」との命令の下、砲塔の各個照準砲撃を行い、「峯雲」と共同で「エレクトラ」を撃沈した

海域にはABDA艦隊が展張した煙幕が漂っており、遠距離からではまともに照準することも難しい。両軍とも決め手を欠く戦いの中、状況を有利に傾けるには単独攻撃の危険を冒しても敵の至近まで接近し、混乱を誘う以外にないことを見抜いたのだ。それは、ひとつ機会を捉え損なうと敵からの集中攻撃を受けることになる、戦術上の原則を無視した危険な判断だった。

第九駆逐隊の突進の前に駆逐艦「エレクトラ」を喪失したABDA艦隊は極度の混乱状態に陥り、戦場を避退していった。勝利に大きく寄与したその果断なる判断力と実行力に、山本五十六連合艦隊司令長官から感状も授与され、佐藤は日本屈指の水雷屋としてその名を轟かせたのである。

友との約束を果たすため、死地へと向かう

昭和17年(1942年)8月より始まるガダルカナル島攻防戦に

おいて、日本海軍は高速の駆逐艦による夜間輸送、いわゆる鼠輸送によって島への補給線をかろうじて支え続けていた。

しかし制空・制海権のない状況下での輸送作戦は損害が続出し、ついには作戦参加を志願する駆逐隊司令がいなくなってしまう。この輸送作戦の指揮を執った第三水雷戦隊司令官の橋本信太郎少将にとって、毎回の出撃艦の割り当てを決めることは何よりも苦心する作業だった。

室戸型給炭艦の2番艦として建造され、大戦中は貨物輸送に従事した「野島」。本艦艦長の松本大佐は海戦後、漂流中のところを味方潜水艦に救助されている

そんな中、佐藤の第九駆逐隊は進んでこの困難な輸送作戦に挑み続けた。10月のサボ島沖海戦、第三次ソロモン海戦、さらに翌年のガダルカナル島撤退「ケ号作戦」にも二度参加。この間、第九駆逐隊は「夏雲」を喪失、「峯雲」は損傷により内地回航となっており、佐藤は「朝雲」ただ一艦をもってガ島を巡る数多くの攻防を戦い抜いたのである。

昭和18年（1943年）2月15日、佐藤は第八駆逐隊司令に転出した。この時、ニューギニア戦線では連合軍の攻撃が激しさを増しており、1月には東部のブナが陥落。陸軍第八方面軍は海軍南東方面部隊と協同で、現地への部隊増援を行う「第八十一号作戦」を立案する。参加兵力は、新たに第三水雷戦隊司令官となった木村昌福少将率いる駆逐艦8隻。これが陸軍輸送船7隻に海軍運送艦「野島」を加えた輸送隊を護衛して、ラバウルからラエに第五十一師団を送り込む計画だった。

だが、事前に予定されていたポートモレスビーに対する夜間爆撃は天候不順により戦果不十分に終わり、またラバウル空襲によって直掩機の多くが地上撃破されたことで、佐藤たち実施部隊としてはこの作戦がおよそ成功の見込みの無い無謀な作戦だという意識があったようだ。

出撃前夜、佐藤は「野島」艦長の松本亀太郎大佐と二人で酒を酌み交わした。松本は海兵で一期下だったが、佐藤とは同じ分隊を組んだ旧知の仲だった。

「今度の作戦は危ないかもしれん。貴様の艦がやられた時は、すぐに飛んでいって救助してやるから安心しろよ」

作戦の成否に不安を語った松本に対して、赤ら顔の佐藤が語ったこの言葉。これこそ、佐藤の最期につながる伏線となるのである。

そして、3月3日。ダンピール海峡にさしかかった船団に対して、連合軍の戦爆連合計260機余が襲い掛かった。輸送隊のみならず護衛部隊も大損害を蒙り、木村司令官は残存艦に対して一時退避の命令を発令する。佐藤が乗艦する「朝潮」から、木村司令官に対して一通の電文が飛んだ。

『ワレ野島艦長トノ約束アリ、野島救援ノノチ避退ス』

その電文は、正規に発せられた命令に対する抗命であることに他ならない。いや、それよりも敵の再来襲が間違いない海域に、ただ一艦のみで残ることがどういう結末をもたらすのか、誰の目に見ても明らかなことだった。

木村司令官は、了承した。艦隊から離れ、危険海域へと戻っていく「朝潮」の後ろ姿に、木村はどのような感慨を抱いたのだろうか。それは、佐藤の死出の航海であった。

危険を顧みず溺者救助に向かった佐藤に感銘を受けた木村少将は、古賀峯一横須賀鎮守府司令長官に対して佐藤の二階級特進を熱心に嘆願した。佐藤が海軍中将に序せられる事が決まったという報に、木村少将は宿願成った喜びを手記に残している。

心身を頑健に保つ能力、軍規・風紀の厳守、占領地域の住民や捕虜と信頼関係を築く能力

民を愛し、至誠を尽くした海軍落下傘部隊の祖

堀内豊秋（とよあき）大佐

日本海軍

占領地に善政を敷き、現地住民から大いに慕われたという堀内豊秋大佐。その人柄にはオランダ軍も心を動かされ、死刑に際しては軍人として最大級の敬意が払われたという

はるか南方の地での刑死

昭和23年（1948年）9月25日。インドネシア・セレベス島、メナド戦犯収容所。

まだ日が昇って間もないのに、降り注ぐ陽光は焼けるように熱い。ゆらゆらと立ち昇る陽炎の中を、元・日本海軍大佐の堀内豊秋は二人のオランダ兵に背を押されながら敷地外の原野を歩いていく。

独房で使っていた洗面用具は、隣房のインドネシア人収容者に預けた。遠く日本にいる家族には、辞世の句と共に別れの手紙を出している。今の自分にできる限りの身辺整理は済ませていた。

この時の堀内の心情を余人が窺い知ることは、もはや叶わない。だが、かつて部下たちとともに落下傘で舞ったメナドの蒼い空のように、きっと曇りなく澄み渡っていたのではないだろうか。

心残りはあっただろう。この地に『海の神兵』として舞い降りて以降、堀内は捕虜に寛大な措置を執るよう部下に厳命している。現地住民とは良好な関係を築くべく可能な限りの仁政を敷き、住民からは「キャプテン・ホリウチ」として慕われてきた。

しかし今、彼は自身でも予想だにしなかった罪状で捕らえられ、原野の只中に向けて最後の行進を続けている。逃げることもできたが、それでは艱難辛苦（かんなんしんく）を共にしてきた部下達に大きな迷惑がかかると進んで出頭し、遠い異国の法廷で闘い続けてきた。部下を愛し、住民を愛し、敵をも愛した男として、それはあまりに残酷な結末であった。

天地に恥じぬ生き方をしてきた自信はある。最後の行進を続けながらも、不安はまったく無い。先に逝った多くの部下の後を追い、在りし日の落下傘のような美しい白菊となって、メナドの野辺に散っていくのだ。

やがて、原野にぽつりと立つ柱に後ろ手で縛りつけられる。獄中生活で信頼を勝ち得たオランダ軍将校が目隠しを手に近付いてくるが、彼は清らかに笑いながら、はっきりとした声音で言った。

「ノー・マスク」

午前8時。B級戦犯・堀内豊秋はオランダ軍の手によって銃殺刑に処された。享年47。

その罪状は「オランダ軍捕虜、ならびに現地住民に対する虐殺および組織的テロ行為の指揮・放任」である。

頑健にして誠実、人々に愛された人物像

堀内豊秋は明治33年（1900年）9月27日、熊本県飽託（ほうたく）郡川上村（現・熊本市）の造酒屋の次男として生を受けた。ちなみに堀内の生家は熊本市の文化財として、現在も同地に残っている。

大正8年（1919年）、海軍兵学校（50期）に入学。大正12年（1923年）、272名中156番という成績で卒業し、第13期飛行学生として霞ヶ浦航空隊行きを命ぜられる。堀内自身が空の道を望んだ確証はないが、当時の海軍航空は創成期で、徐々に少壮士官の中から航空隊行きを熱望する者が増えつつあった。

だが、訓練中の負傷によりパイロットの道を断念した堀内は、砲術専攻へと転科。以降は第四駆逐隊附を皮切りに水雷屋としての道を歩み始め、昭和5年（1930年）に海軍兵学校の教官兼幹事としてデンマーク体操の普及に努めた。当時の海軍では、スウェーデン体操を導入していた陸軍に範を取ってその習得を進めていたが、堀内はよりダイナミックで流れるような動きのデンマーク体操こそ海軍にふさわしいと、率先してその伝道者となったのである。

デンマーク体操を改良して独自の体操を編み出した堀内は、その普及の中で細身ながら頑健な肉体と柔らかな関節を我が物としていく。ある時には両手で1本ずつ、14センチ砲弾の先端を指の股に挟んで歩いたり、またある時には壁の小さな突起に指をかけて忍者のように登ったりもした。水泳、剣道、競走、漕艇、あらゆる競技で負けることを知らず、しかし禿げ上がった頭と長い髭、そして融通無碍（ゆうずうむげ）で気さくな性格は、当時

の生徒たちから非常に受けが良かったという。

　そんな堀内の性格が良く表れた逸話がある。昭和14年（1939年）、堀内は厦門の陸戦隊司令に着任するが、勉強熱心な堀内は通訳から現地語を習得し、その語学力をもって独り丸腰で現地の集落に分け入った。貧民には食料や物資を配り歩き、中学校では得意の体操を教えて人々に親しまれた。

　一方で、部下には綱紀粛正を促し現地人に対する一切の暴力行為を許さず、彼が厦門を離れる時には現地人が連名で慰留を求めるほどの信頼を勝ち得たのである。

海軍落下傘部隊の創設と実戦

　昭和16年（1941年）9月、横須賀鎮守府第一特別陸戦隊司令に着任。国際情勢が悪化していく中、かねてより海軍は落下傘部隊の研究を進めていた。そして開戦を3カ月後に控えたこの時期に海軍は実戦部隊を編成し、その指揮官として推されたのが人並み外れた運動能力を有する堀内であった。

　その目的を伏せたまま作られた部隊ゆえ、集められた兵員は体格的に優れぬ者も多かったが、堀内は率先して演台に立ち、得意の体操で体力錬成に努めた。その甲斐あって見違えるような体格を手にした隊員たちは、時には死者すら出る厳しい訓練を乗り越え、やがて海軍随一と誇れるほど精強な部隊へと生まれ変わっていく。

　実戦投入は蘭印攻略戦初日の昭和17年1月11日。オランダ軍が

昭和17年1月11日、セレベス島メナド郊外のランゴアン飛行場に降下する横須賀鎮守府第一特別陸戦隊

守るセレベス島メナド郊外、ランゴアン飛行場への降下作戦である。

晴天のこの日、堀内部隊の兵士たちは飛行場を十重二十重に囲んだトーチカ群のど真ん中に降り立ってしまう。遮蔽物のない滑走路上で十字砲火に晒され、身につけた武器といえば拳銃程度しかない兵士たちは次々と射貫かれ斃（たお）れていく。ようやく小火器を詰めた梱包箱にたどり着き、擲弾筒を乱射しながらトーチカ群へ突撃を繰り返した。

オランダ守備隊のほとんどが、現地インドネシア人の徴募兵で戦意が低かったのは幸いだった。それでも第一次降下隊334名中42名の戦死者（そのうち12名は、降下直前に味方機の誤射によって撃墜された輸送機のもの）を出し、戦友を失った隊員たちはオランダ兵に強烈な敵愾心（てきがいしん）を抱いていく。

堀内は、オランダ兵捕虜に対する暴行を絶対に許さなかった。現地兵は武装解除の上で解放し、オランダ人兵士については拘禁するものの可能な限り便宜を図ってもいる。しかし彼のあずかり知らぬ所で、隊員の一部がオランダ兵を房から引きずり出し住民に暴行させる目撃談が幾つか残っているのだ。

この事が、後に堀内を刑場へと追いやる要因の一つになろうとは、誰も想像だにしなかった。

メナド占領後、堀内部隊はそのまま司政官が到着するまで占領統治にあたっている。3カ月半の短い間ではあったが、堀内は租税を従来の半分以下に抑えたり、有力者をパーティーに招いたりと住民の慰撫に努め、彼らから大いに信頼を寄せられることとなる。

海軍落下傘部隊の兵士。手には着剣した三八式騎銃を持ち、空挺部隊用の布製弾帯をたすき掛けに装着している

また捕虜に関しては苦役や虐待を厳に禁止し、オランダ人将校には借り上げた民家に個室を与えて食事・入浴など生活面も保障している。

堀内は次の任地となったバリ島でも善政を敷き、さらに隊内では軍規・風紀の厳守を徹底させて、住民や捕虜と衝突することがないよう心を配った。だが、堀内が去った後で現地の占領統治にあたった部隊が住民や捕虜を過酷に扱う場合もあり、これらが堀内に責任転嫁されてしまったという証言も一部にある。

疑念の戦犯裁判

戦後、堀内は広島県大竹の第二復員省連絡所で運航部長として復員業務にあたったが、間もなくGHQより呼び出しを受けて東京へ発つ。

B級戦犯容疑者として目を付けられていたことは判っていたが、自らにやましいところは何も無く、誠意を持って証言すればすぐに帰れると思っていた節がある。まさか自分が暴行・虐殺の主犯として、オランダから手配されているとは夢にも思わなかったに違いない。

巣鴨プリズン、そしてシンガポールを経てメナドの収容所へ繋がれた彼につきつけられたのは、予想だにし得ない住民、そして捕虜に対する暴行と虐殺の罪であった。弁護人による無実の訴えと助命嘆願も聞き入れられることなく、日本を発って1年半後に堀内は刑死の運命を迎える。

現地で仁政を敷き、敵味方共に親しまれていた堀内が、なぜB級戦犯として逮捕・起訴され、そして極刑を言い渡されたのか。当時の公判記録は多くが散逸しており、オランダ側の思惑が奈辺にあったかは現在もなお不明のままである。

昭和38年（1963年）、メナドの共同墓地で管理番号25番として葬られていた遺骨が堀内と確認され、改めて荼毘（だび）に付された後に帰国。現在は故郷の熊本で静かに眠りについている。

軍人として優れた点
臨機応変さ、旺盛な攻撃精神、変化した環境への対応力

日本海軍きっての闘将にして「見敵必戦」の体現者

角田覚治（かくたかくじ）中将

日本海軍

出自は砲術畑ながら、太平洋戦争では航空部隊の指揮を執った角田覚治中将。しかしその最期は指揮下の航空機を失い、地上戦で消息を絶つというものだった

旺盛な攻撃精神で掴んだ大海戦での勝利

見敵必戦。

この言葉は、もともと17世紀イギリス海軍の父祖ロバート・ブレイクの言葉とも、トラファルガー海戦の英雄ホレーショ・ネルソンの言葉とも伝えられている。後に「常在戦場」と合わせ、士官の精神的支柱としてイギリス海軍の中に脈々と受け継がれていく言葉となるが、それは同海軍を模範として発展を遂げた日本海軍でも同様であった。

『敵あらば自らの生命の危険を顧みず、敵方に向かいてその撃壊のため死力を尽くすべし』

しかし、様々な要因によって完璧な実現は難しく、それでも見敵必戦の精神を何にも増して自らに課し続けた極少数の将官をして、人は彼らを「闘将」と呼ぶ。山口多聞、大西瀧治郎などが日本海軍における闘将の代表格として挙げられるが、そんな彼らと同等、あるいはそれ以上に見敵必戦の精神を体現していた存在が、本稿で紹介する角田覚治という男であった。

角田の闘将振りを示す逸話としてよく紹介されるのが、昭和17年（1942年）10月に生起した南太平洋海戦での一幕である。この時日本海軍は、ガダルカナル島の陸戦支援と附近に遊弋する敵機動部隊の撃破のため、2個航空戦隊計4隻の空母をソロモン海域に展開していた。

26日午前4時50分、「翔鶴」索敵機が敵空母部隊を発見し、第三艦隊司令長官の南雲忠一中将は攻撃隊の発進を命じる。この時、角田率いる第二航空戦隊の「隼鷹」は敵艦隊までおよそ330浬も離れた場所に位置していた。

「本艦の位置は、いまだ艦載機隊の行動可能圏外にある。だが、本艦は全速力で攻撃隊を迎えに行く。諸氏の健闘を祈る」

南太平洋海戦で角田が第二航空戦隊司令官として座乗した空母「隼鷹」。商船からの改装空母ながら終戦まで残存した。写真は戦後、佐世保に係留中のもの

角田は「隼鷹」飛行長の崎長嘉朗少佐に自らの思いを伝えさせると、攻撃隊を発艦させるや「隼鷹」を最大戦速で敵の方向に突進させた。敵の空襲が予想されるなか、空母が護衛を振り切る勢いで敵方へと突っ走っていくのである。その様子は「槍を抱え敵陣に突っ込んでいく騎馬武者のようであった」と記録にはある。

さらに一航戦の旗艦「翔鶴」が被弾し、航空戦の指揮権が南雲から角田へと委譲されると、角田は一航戦の残存機を収容しつつ攻撃隊を編成し、火を噴くような反復攻撃を繰りだした。当時は特定の艦に配属された飛行士官が、別の艦の攻撃隊指揮官になるなど通常では考えられぬ事である。しかし角田は建制に頓着せず、生き残りの飛行士官を指揮官に仕立てては次々と攻撃隊を送り出した。

南太平洋海戦の結果、アメリカ海軍は空母1隻を喪失、1隻が中破し、一時的に太平洋での空母戦力がゼロになる大損害を被る。一方で日本海軍もまた、真珠湾以来の熟練搭乗員を多数失う結果となり、それは日本海軍にとって以降の攻勢に打って出ることができなくなるほど回復不能の痛手であった。

後年、角田の評価は毀誉褒貶相半ばするものがあるが、この南太平洋海戦の結果もまた判断を迷わせる一因であることは間違いない。

だが、何よりも勝利を希求すべき最前線の将として敵と殴り合っている最中の彼に、戦争の大局的視点に立って判断せよというのは分を超えた要求なのではあるまいか。少なくともこの時の角田の戦いぶりは、臨機応変な策をもって旺盛な攻撃精神を発揮するという、良き機動部隊指揮官として最上の条件を揃えたもの

でもあった。

見敵必戦の闘将たる角田の評価は、今後も史家の間で賛否定まることなく議論が続けられていくことだろう。

鉄砲屋のエリートから航空の道へ

明治23年（１８９０年）９月23日、角田覚治は新潟県南蒲原郡本成寺村（現・三条市）の豪農の家に長男として生まれた。幼少期から相当な腕白坊主であったと記録にはある。県立三条中学校から難関を突破し、海軍兵学校（39期）へ。同期には伊藤整一や志摩清英がいるが、角田の入学成績は１５０人中１０２番目で、それほど優秀な生徒ではなかったらしい。しかし兵学校での生活の中で相当に頑張ったようで、明治44年（１９１１年）７月の卒業時には１４８人中45番まで成績を上げている。

少尉となった角田は、砲術学校を経て戦艦「摂津（せっつ）」乗組となり、第一次大戦では黄海方面での哨戒活動に従事。次の巡洋艦「吾妻（あづま）」乗組時代には、急死したジョージ・ガスリー駐日大使の遺体を本国まで送り届ける任にあたり、大戦後に急成長を遂げるアメリカ社会をその目に収める機会を得た。

その後の角田は海軍大学校と各艦の砲術長を数年置きに繰り返していく、いわゆる〝鉄砲屋〟のエリートコースの道を歩んでいくが、転機が訪れたのは昭和4年（１９２９年）のこと。当時は中佐の階級を得ていた角田は、それまでとは全く畑違いの第一航空戦隊参謀に任じられたのである。

揺籃（ようらん）期を迎えていた海軍航空にあって、一航戦は空母「赤城」「鳳翔」の2隻をもって世界初の空母機動部隊となり、日々その技量の研鑽（けんさん）に努めていた。ある意味で実験的要素が多分にある当時の一航戦に、それまで砲術畑を歩み続けてきた角田を参謀として据えたのは、それだけ海軍が彼の能力に大きな期待を掛けていた表れなのかもしれない。

海軍航空の第一人者である源田實（みのる）は、後に角田を指して「鉄砲屋の石頭」と酷評しているが、実際には航空機についても一定の理解があったのが角田という男だった。

この後、角田は海軍兵学校教頭、戦艦「山城」艦長、佐世保鎮守府参謀長の要職を経て、太平洋戦争の開戦前には第三航空戦隊、続いて第四航空戦隊と、二度の航空戦隊司令官を拝命。開戦後は第三艦隊に所属してフィリピンおよびスラバヤ攻略戦、そしてインド洋での通商破壊戦に参加している。

アリューシャン列島の制圧を目的とするＡＬ作戦が発動すると、角田率いる四航戦はアッツ・キスカ両島の攻略を担当する第五艦隊を側面から援護しつつ、ダッチハーバーの空襲に成功。この際、角田は未熟な搭乗員たちを可能な限り早く収容するため、敵攻撃圏内にもかかわらずダッチハーバーに向けて艦隊を全速で前進させるという、後の南太平洋海戦を彷彿とさせるような指揮をみせた。

ミッドウェー敗戦後の再編成により、角田は「隼鷹」「飛鷹」「龍驤（りゅうじょう）」をもって再建された第二航空戦隊の司令官に着任。折しも緊迫の度を増していたガダルカナルに向けて一航戦と共に出撃するも、整備途上により出撃できなかった「瑞鳳（ずいほう）」に代わって「龍驤」が一航戦に配置換えとなってしまう。さらに機関故障によって「飛鷹」が脱落し、角田は「隼鷹」ただ一艦をもって南太平洋の決戦場へと赴いたのであった。

基地航空隊指揮官としてマリアナに散る

昭和17年6月に実施されたAL作戦で、第四航空戦隊の空母搭載機による空襲を受け炎上するダッチハーバー

昭和18年(1943年)7月。角田は基地航空部隊として再編された第一航空艦隊司令長官に着任した。中部太平洋の拠点が次々と失陥する中、マリアナ諸島での決戦を企図して一航艦はテニアン島へと進出。その際、角田は身軽さを重視して士官全ての食事を下士官兵用へ統一すると共に、携行する荷物も最小限にするよう指導、自らも身の回りの品全てを自分で担いで移動した。

一航艦長官時代の角田は、見敵必戦の精神を貫き通すように無理な用兵を繰り返す。昭和19年（1944年）2月のマリアナ空襲では、訓練途上の航空隊を戦闘機の援護が不十分な中で送り出し、出撃94機中90機を失う大敗を喫している。

さらにパラオ大空襲と渾(こん)作戦で実働機の大半を使い果たし、マリアナ沖海戦では残存機を再編成して艦隊攻撃を行うも、僅かな戦果に比して壊滅的な損害を負ってしまうのだ。

今や戦うための矢すら無くなった一航艦司令部をダバオに転進させることも検討されたが、移動のための潜水艦が往路で撃沈されてそれも果たせず、脱出すらままならぬ中でついに7月23日の米軍テニアン上陸を迎えてしまう。

テニアンの戦いでは、角田は陸軍第五十連隊の緒方敬志大佐に全ての指揮権を委ねて戦った。戦史叢書では角田が「老人婦女子を爆薬にて処決す」との電文を送ったように書かれているが、一方でこの電文は角田とは無関係との説もあり、また角田自身から「民間人が玉砕する必要はない」との言葉を聞いたという生存者の証言もある。

7月31日。決別電を発信の後、残存兵力は最後の突撃を敢行。司令部要員の多くが自決する中、角田は最後まで見敵必戦の精神を体現するかのように、手榴弾を両手に握って司令部壕を飛び出していった。

以降、消息不明。

軍人として優れた点

率先垂範の精神、部下と信頼関係を築く能力、玉砕を否定し持久戦を戦い抜く信念

ラバウル要塞での持久戦を指揮し部下に尽くした率先垂範の仁将

草鹿任一（くさかじんいち）中将

日本海軍

陸軍の今村均大将とともにラバウルを終戦まで維持し続けた草鹿任一中将。戦後の連合軍による戦犯調査では一貫して部下を庇う姿勢をとり、米海軍のアーレイ・バーク大将と親交を結ぶなど、人柄を示すエピソードが多く残されている

候補生を救った「宗谷」艦長の温情

戦中の日本海軍において、南東方面艦隊司令長官としてソロモン戦全般の指揮を執った草鹿任一は、明治21年（１８８８年）12月7日、石川県江沼郡大聖寺町（現・加賀市）に生まれた。父は裁判所判事を経て兵庫県から代議士となった草鹿甲子太郎、また四つ下の従兄弟が、後に聯合艦隊参謀長となる草鹿龍之介である。

明治39年（１９０６年）11月24日、海軍兵学校（37期）に入学。同期には井上成美、小沢治三郎、岩村清一、鮫島具重など錚々たる顔ぶれが並んでいる。

そしてこの4年後、遠洋航海中の軍艦「宗谷」の艦上で、草鹿の軍人としての人格形成に影響を及ぼすある事件が起こった。このとき「宗谷」では候補生を成績別で四つの分隊に分ける変則的な配置がとられていたが、明治43年（１９１０年）12月の少尉任官時、成績不良と見なされていた第3、第4分隊の候補生は任官が先送りとなってしまったのだ。

彼らは艦内でも厄介者として見られ、「宗谷」士官はおろか下士官・兵からも極めて差別的に扱われていた。彼らの反発心はさらなる成績の低下として表れ、総体として「宗谷」の成績は練習艦隊のなかでは最も悪く、面目を潰された「宗谷」乗員達はさらに候補生達を締め上げていたのだ。

草鹿自身は山本五十六が監事を務める第1分隊の所属だったが、この決定には彼もまた怒り狂った。兵学校の4年間、共に汗と涙を流してきた同期生は固い絆で結ばれる。慣例通り、皆で一律に少尉任官されるはずだと信じて頑張っていた草鹿をはじめ「宗谷」候補生達は、この決定を下した練習艦隊司令部に対してストライキを考えるほど強烈な反感を抱くのだ。

「宗谷」候補生たちの動きを、練習艦隊司令部は重大事として認識した。彼らの処遇を諮る会議は、一時は除隊処分すら飛び出すほどの強硬論で満たされる。そんな中「宗谷」の鈴木貫太郎艦長は、居並ぶ幕僚達を前に普段の柔和な態度をかなぐり捨てて主張した。

「教育の成績は、決して短日月に表れるものではない。十年、二十年の後に彼らをご覧頂きたい！」

候補生達を牛馬のように扱っていた「宗谷」にあって、鈴木艦長は石炭積み作業のため上陸不可を命じた甲板士官に「候補生達は学ぶために乗っているのだ、外国に来た時は上陸させてやりたまえ」と諭したり、寸暇には日露戦争時代の講話を聞かせたりと、候補生に対して温和に接していた数少ない士官の一人だった。そんな鈴木艦長が、会議では自分達のために声を荒げてくれたと聞き、候補生達の荒ぶる心は潮を引くように消えていったのである。

後年、草鹿は海軍兵学校の校長となったが、生徒達からは「草鹿校長が海軍中将の軍服に袖を通している姿はまったく思い出せない」といわれるほど、生徒達と一緒に時を過ごした。生徒達と共に教科書を広げて授業を受け、武道の授業では竹刀を握って剣道の稽古をつけた。海軍中将であるにも関わらず、生徒達が身に着けているものと同じ水泳帽と海パン姿で、波打ち際に立って遠泳中の生徒を見守る草鹿を撮った写真も残されている。

草鹿が非常に短気な性格をしていたのは確かだ。しかし一方で、彼は部下に対して気さくに接していたことでも知られている。あるいは候補生時代に接した鈴木貫太郎艦長の温情こそが、草鹿のそのような人格を形成した原点なのかも知れない。

孤立したラバウルで持久戦を指揮

昭和17年（1942年）10月、第十一航空艦隊司令長官、ついで南東方面艦隊司令長官となった草鹿は、ガダルカナル戦以降のソロモン海における海空戦全般の指揮を執る。

昭和18年4月、ラバウルの戦闘指揮所に座した草鹿任一中将(中央)。その隣、左奥にいるのが同地の視察に訪れた山本五十六大将

だが戦局は我に利無く、昭和18年（1943年）4月には候補生時代に指導を賜った山本五十六をブーゲンビル上空で喪い、そしてソロモン諸島の各拠点を次々と失陥するにおよんで、ついに昭和19年（1944年）2月、聯合艦隊は南東太平洋方面の航空兵力を後方へ引き上げることを決定。さらにラバウル北方のアドミラルティ諸島へ連合軍が上陸し、要衝ラバウルは敵中深くに完全に孤立することになったのだ。

草鹿は補給の途絶えたラバウルで長期の籠城を覚悟し、陸軍第八方面軍の今村均(ひとし)大将と協力して自活体制の構築に心血を注いだ。ラバウルにも海軍設営隊はいたが、人数も資材も土木機械も圧倒的に足りない。陸のことは陸軍に聞けとばかりに、彼らから陣地構築の指導を受けながら、海軍兵達は慣れぬ手つきで鶴嘴(つるはし)やスコップを振るい築城作業に精を出した。

昭和19年末の時点で、陸海軍合計で総延長約150㎞以上もの地下陣地を構築し、ラバウルは敵の猛烈な砲爆撃にも耐えられる難攻不落の要塞と化していく。

航空隊の撤退により残されていた大量の爆弾や魚雷は、現地改造されて地雷や爆弾砲、陸上魚雷発射機などの代用兵器へと姿を変えた。後には水道管を用いた75㎜砲の量産も軌道に乗り、それらは陸軍にも供給されて不足気味だった砲火力の一翼を担っている。

また、わずかに残されていた破損機をかき集めて零戦約10機、九七式艦攻2機の再生機を作り上げ、それらは残留パイロットが教官役となって現地養成された急造搭乗員によって運用された。偵察や爆撃、輸送と大いに活躍したが、あ号作戦に先だって行われたマヌス島ロレンガウ港に対する偵察行では、作戦全般に益するところ大として聯合艦隊司令長官から賞詞が送られている。

長期の持久戦を戦うには、食料や消耗品の自給体制も必要不可欠だ。芋を中心としつつ飽きの来ない主食の選定。ラバウルの風土にあった野菜の栽培。椰子果汁や芋を使った代用味噌・代用醤油の製造。火山の熱を使った製塩。その他、紙、布、マッチ、ライター、煙草、医薬品……ありとあらゆるものが自給自足で補われた。

草鹿は、玉砕を最終的な到達点とする戦い方を真っ向から否定していた。敵の只中に置き忘れられたラバウルが依然として存在感を示し続けることで、敵の兵力を分散させて主戦線の戦局を有利に傾けることができる。

そうした信念を持って、草鹿は毎日のように敵の爆撃の合間を縫って自ら畑で鍬を振るい、各部隊の築城作業を視察し、戦技研究や自活への工夫を奨励し、いつ終わるとも判らぬ籠城に落ち込みがちな部下達を叱咤し続けた。

ある時、大量に発生した芋虫によってせっかくの芋畑が丸裸となり対応に苦慮していたところ、草鹿は「これだけ肥え太った芋虫なのだ、こいつを粉末にして塩気をつけたらふりかけにでもなるのではないか」と提案した。もちろん半ば冗談のような話で、部下達の誰も本気にしなかった。

ところが、草鹿がある部隊を視察した時の事。部隊長が茶色い粉のようなものが入った小瓶を差し出しながら、彼に嬉々とした顔で報告した。

「長官が仰られていた事を他聞し、試しに研究してみた所これが大変に美味い代物となりました。現在は飯のふりかけとして重宝しております」

健啖家を自認する草鹿であったが、これには流石に驚くやら感心するやら、だったそうだ。

こうして、草鹿の率先垂範の精神を受け継いだ約7万名の将兵は、1年半にもわたる長期持久を強靱な精神で耐え抜き、ついに終戦のその日まで規律を保ちながらラバウルを守り通したのである。

元軍人の待遇改善、戦没者の慰霊に尽力

戦後、公職追放にあった草鹿は出版社を営むも経営がなかなか軌道に乗らず、その間は土木人夫として糊口をしのいだ。この苦境を漏れ聞いた米海軍のアーレイ・バークが食料品を贈ったことを縁として、反日家であったバークの対日感情が１８０度転換するほど二人は交友を深くする。

GHQ指令により軍人恩給が廃止となり多くの軍人・軍属が極貧生活を余儀なくされたが、彼らを救済するために草鹿は国会前での座り込みなど恩給復活運動に尽力。サンフランシスコ講和条約の発効によって日本が再び独立国として船出した翌年の昭和28年（１９５３年）、彼らの努力が実を結んで軍人恩給の復活が決定する。

後に海軍ラバウル方面会の会長となった草鹿が、遺骨収集のため再びラバウルの土を踏んだのはその死の2年前の昭和45年。81歳の高齢により体調が思わしくない中で、周囲の反対を押し切っての渡航であった。

ブーゲンビル島の山本搭乗機墜落現場を訪れた草鹿は、「長官、遅くなりましたが草鹿ただいま参りました」と静かに瞑目していたという。

写真は昭和20年9月12日、英空母「グローリー」飛行甲板上で降伏文書に調印する今村均陸軍大将で、その奥に草鹿の姿も見える。本来、ラバウルの日本軍の代表には今村が指名されたが、草鹿が「海軍は陸軍の指揮下に入ったことはない」と強固に主張したことから、二人連名での調印となった

大局を見据えた戦略眼、勝機を捉え逃さない決断力と行動力、指揮統率能力

日本海軍の象徴となった聯合艦隊司令長官

山本五十六(いそろく) 大将

日本海軍

第26、27代聯合艦隊司令長官として太平洋戦争前期の海軍の作戦を指揮した山本五十六。その人物像については、多くの海軍軍人による評が残されている

最も知名度の高い日本海軍の軍人

日米開戦を避ける立場から対英米強硬論や日独伊三国同盟に反対し、太平洋戦争の開戦後は攻勢の連続によって早期講和を目指した、第26・27代聯合艦隊司令長官・山本五十六。

その名は日本海海戦時の聯合艦隊司令長官であった東郷平八郎と並び、日本国内はもとより海外でも高い知名度をもっている。もしも「貴方が知っている日本海軍の軍人を一人挙げよ」と万人に問うたなら、山本五十六は間違いなくリストの筆頭に挙げられる人物であろう。

『連合国との戦争に反対し、開戦となると真珠湾攻撃で大成功をおさめた。ソロモン群島での日本側の作戦を全般的に指揮し、日本海軍のおこなった戦争努力の戦略的頭脳と一般にみなされていた』

敵手であるダグラス・マッカーサーをしてそう評するように、山本五十六は太平洋戦争緒戦期の日本海軍を象徴する存在として連合軍側から捉えられていた。それゆえに彼の生命を奪うことが戦局挽回の切り札とされ、やがて長距離戦闘機を用いた前代未聞の暗殺作戦「ヴェンジェンス」として現実化し、ブーゲンビル島上空での海軍甲事件――すなわち山本の死に繋がっていくのである。

山本五十六とは、一体どんな男だったのだろうか。過去に多くの史書が彼の生涯に踏み込み、様々な方面からその実相を切り取ってきた。その59年の人生全てを俯瞰(ふかん)することは他の史書に任せ、本稿では二つのキーポイントに焦点を合わせて、人間・山本五十六を知る手掛かりを探っていこう。

下戸にして筋金入りの甘党 そこに垣間見える少年時代の境遇

山本は、下戸(げこ)であったことが知られている。

酒席では自分専用の徳利を用意し、部下から盃を勧められても必ず自分の徳利から注がせるようにしていた。実は、その徳利には番茶が仕込まれており、山本は場を白けさせないよう酔ったふりをしていたのである。

酒が飲めない一方で、彼は筋金入りの甘党であった。

山本が甘味に求める熱意には並々ならぬものがあり、海軍省勤務時代には東京中の菓子処を渡り歩き、どら焼きの味について番付表を作り上げたほど。聯合艦隊司令長官となって以降は、決して虎屋の羊羹を切らさぬよう従兵に厳命していたし、旗艦である戦艦「大和」の将官用冷蔵庫には山本が食べるためのパパイヤが天井まで積み上げられていたという。

特に好物としていたのは、故郷の新潟県長岡に伝わる銘菓・水饅頭であった。砂糖ではなく塩で仕込まれた小豆餡を詰めた蒸し饅頭のようなもので、そのまま食べても決して旨いものではない。その味わい方は独特で、氷水を張った器に山盛りの砂糖とともに浮かべ、ふやけたところをスプーンでざくざくと切り崩して

戦艦「長門」の艦橋で作戦を検討中の山本。作戦参謀として直に山本に接した三和義勇少将によれば「とっつきにくい人だったが、はかり知れぬ深さのある人で2、3カ月もすればたいていの人は尊敬しなついた」「任務に忠実、自らに厳しく他人には寛大であった」と話している

啜り込むのだ。

現在も長岡に残る和菓子店『川西屋本店』には、前線でも水饅頭が食べたいという山本の要望にあわせ、海軍省より派遣されてきた係官に秘伝の塩小豆餡を持たせたという逸話が残る。それほどに水饅頭を愛した山本だったが、実はここに少年時代の彼の境遇が垣間見えるのである。

明治17年（1884年）4月4日、旧長岡藩士・高野貞吉の六男として生を受ける。父が56歳の時の子であるから五十六と名付けられたのはとみに有名だ。

幕末期、北越戦争において壊滅的な打撃を受けた長岡藩だったが、佐幕派と目されたために明治新政府から資金が下賜されず、独力で藩領の復興へ乗り出していく。

維新前と較べて実収が6割まで減少し、藩士達のその日の食すらままならぬ状況の中で、長岡藩が重視したのは人材育成であった。支藩から提供された救援米100俵を売却して学校設立の資金に充てた「米百俵の精神」は、耐乏生活の中でなお未来を見据え続けた長岡人の気質をよく表していると言えよう。

五十六少年が通った阪之上尋常小学校、旧制長岡中学校は、まさにこの時作られた藩校を前身とする。その頃には長岡藩は廃藩となり新潟県の一部となっていたが、人々の生活は変わらず貧しいままで、子供達は空きっ腹を抱えて勉学に打ち込んでいたのだ。

当然ながら、高級品である砂糖を使った菓子など夢のまた夢。そんな長岡の子供達でもかろうじて手に入るおやつこそ、塩で作られた小豆餡の饅頭だったのである。

「苦しいこともあるだろう　言い度いこともあるだろう　不満なこともあるだろう　腹の立つこともあるだろう　泣き度いこともあるだろう　これらをじっとこらえてゆくのが男の修行である」

よく知られる山本の格言は、このような辛く貧しい少年時代を送った彼だからこそ生み出せたものだったのだ。山本はそんな少年時代の懐かしの味を口にしながら、自らを律する努力を続けていたのかも知れない。

博打好きの性格も影響した
早期講和を目指す短期決戦主義

母の求めに応じて軍人の道を志した五十六少年は、明治37年（1904年）に海軍兵学校（32期）を卒業。日露戦争では装甲巡洋艦「日進」に少尉候補生として乗り組み、日本海海戦において左手の人差し指と中指を欠損する重傷を負った。

大正4年（1915年）、断絶していた旧長岡藩家老・山本家を相続し、以降は山本姓を名乗り始める。大正8年（1919年）には米国駐在を命じられハーバード大へ留学するも、授業には2回しか出席せず、全米を回ってアメリカの文化と産業を見聞し続けた。

山本の欧米への渡航経験は、当時の海軍軍人としては非常に多い。最初の米国駐在を皮切りに、大正12年（1923年）には9カ月間の欧州歴訪、大正14年（1925年）から昭和3年（1928年）にかけては駐米大使館附武官としてワシントンに赴任。そして昭和4年（1929年）のロンドン海軍軍縮会議、昭和9年（1934年）の第二次ロンドン海軍軍縮会議予備交渉と、日本海軍からの出席者として二度イギリスを訪れている。

都合五度にわたった欧米渡航における山本の姿は多くの記録に残されているが、共通するのは彼が時間を見つけてはカード遊びに興じていたという点だ。

山本の博打好きは筋金入りで、欧州歴訪の際にはモナコのカジノから余りに勝ちすぎるため出入り禁止を言い渡されたり、アメリカ滞在時には大陸横断鉄道での移動中ひたすら同行者とカードや賭将棋を繰り返していたという。

「博打をしないような男は碌（ろく）なものじゃない」「2年ほど欧州で遊べば戦艦1、2隻の金は作れる」との本人

1920年代から30年代にかけて欧米を歴訪していた頃の私服姿の山本。この当時にアメリカの強大な国力を目の当たりにしたことで、戦前は日米の衝突回避を唱えた

の言葉も残されている程で、時にそれは周囲の者を辟易させたばかりか、山本の評価をしてどこか投機的な要素を感じさせる一因にもなっている。

山本としては、あくまで賭け事は数理の勝負であって運の要素は何処にもないという持論をもっていたようだが、一方で山本のカードの扱いはブラフが多く合理性に欠けていたという副官の証言もある。

アメリカの強大な国力を目の当たりにし、複雑怪奇な欧州情勢を肌身で感じ取っていくなかで、やがて聯合艦隊司令長官となった山本は現時点における日米の衝突回避と、アメリカの対日感情を悪化させる日独伊三国同盟への反対を信念としていく。

しかし彼の願いも空しく日米開戦が不可避となると、山本は早期講和を実現するため、聯合艦隊の空母兵力を一挙に投入して米太平洋艦隊を壊滅させるという博打的な真珠湾航空攻撃論へと傾いていくのだ。

それは、山本本人にも多少なりと自覚があったに違いない。敵の一大根拠地である真珠湾への航空攻撃は余りに危険すぎると、第一航空艦隊参謀長の草鹿龍之介中将が反対の意見を唱えた際には、「僕が幾らブリッジやポーカーが好きだからといって、そう投機的だと言うなよ」との言葉をかけている。

太平洋戦争の開戦後、山本は積極果敢な攻勢を連続して戦いの主導権を握るという短期決戦主義をとり、麾下の空母機動部隊を真珠湾、インド洋、そしてミッドウェーと東西に繰り出していく。それは誰よりもアメリカの実力を知る山本にとって、早期講和への小さな可能性に賭けた唯一の方策であった。

ミッドウェーでの敗戦は、日本のやがて無条件降伏に至る長く苦しい下り坂の始まりであると共に、日本の僅かな勝利へ全力でベットした山本の賭けが敗れた瞬間でもあったのだ。

山本五十六という男の全てを語り尽くすには、僅かな紙面だけでは到底足りない。得てして歴史上の偉人がそうであるように、その精神、その思考、その振る舞い、どのような切り取り方をしても何らかの答えを導き出せる懐の深さが山本にはある。

太平洋戦争の開戦から80年余が過ぎ、その事象全てが歴史の彼方へ流れ去っていく中で、山本五十六の人間的魅力はこれからも多くの人々を惹きつけ続けることだろう。

第二章●アメリカ軍の軍人

軍人として優れた点

戦闘機パイロットとしての能力、指揮統率能力、変化した環境への対応力

荒くれ者たちをまとめ上げた海兵隊戦闘機乗りたちの親分

グレゴリー・ボイントン 大佐

アメリカ海兵隊

写真は第二次大戦中のグレゴリー・ボイントン。第214戦闘飛行隊の編成時、戦闘機乗りとしては高齢の域に入る30歳だった彼は、若手の隊員たちから「グランドパピー」と呼ばれ、やがてこれを短縮した「パピー」がよく知られる愛称となった

義勇軍飛行隊で日本機との実戦を経験

『月額報酬650ドル、敵機一機撃墜毎に500ドルのボーナス。ジャップのパイロットは眼鏡をかけていて技量は低く、また戦闘機の能力も低い。これらの報酬を君たちは容易に手にすることができるだろう！』

ペンサコーラ海軍飛行学校で操縦教官の任に就いていたグレゴリー・ボイントン海兵隊中尉が、海兵隊を退役の上でアメリカ合衆国義勇軍（AVG）の義勇兵としてアジアへ旅立ったのは、1941年9月のことである。

1912年、アイダホ生まれ。大学卒業後に予備役将校訓練課程で海兵隊へ入隊し、飛行将校として6年間を過ごしてきた。だが元来の酒癖が祟って昇進は遅れ、配置されるのは閑職ばかり。さらに離婚で多額の慰謝料を支払うことになったボイントンにとって、AVGの募兵係が調子よくブチあげた報酬の額はとても魅力的に聞こえたのだ。

後に『フライング・タイガース』として勇名を轟かせるAVGの戦闘機パイロット達だったが、実態は報酬に目がくらんだならず者や軍から放逐された軍務不適格者が多く、当然その技量も目を覆わんばかりだったという。ボイントン自身は戦闘機パイロットとして訓練を受けてきたが、乱暴者で金に目がくらんだ点については他と何も変わらない。

こうしてボイントンの戦いは始まった。12月8日の開戦を英領ビルマの首都ラングーンで迎え、初陣は年が明けた2月6日。同地に来襲した日本軍の戦爆連合をP‐40で迎え撃った。

レスリングで鍛えた体力に物をいわせ、急旋回につぐ急旋回で何度も九七式戦闘機の背後を取るも、敵機は易々と追撃をかわす。逆に背後を取られて散々に打ちのめされたボイントンは、その時の衝撃を後にこう語っている。

「風に舞う札束のように、５００ドルのボーナスの夢は儚く散った。ジャップは飛行機に向いてないなんて言ったのはどこのどいつだ！」

格闘戦能力に優れた日本軍機を相手に、こちらも格闘戦で挑んでも勝機はない。以降はＰ-40の性能を活かした一撃離脱に徹することで、ボイントンは少しずつスコアを稼いでいく。

だが、正式に日本との戦端が開かれたことで義勇軍の意義が失われ、ＡＶＧは解散の上でアメリカ第10空軍に編入されることになる。

少尉待遇での陸軍編入を打診されたボイントンだったが、納得できない彼は輸送機を乗り継いで米本土へ帰還。意地悪な元上官から海兵隊の脱走兵扱いにされていたことを知り、海軍次官に直訴して海兵隊への復帰を成し遂げた。

海兵隊復帰から「ブラックシープ」結成

ボイントンが海兵隊へと戻ってきた頃、折しも日本軍との間でガダルカナルを巡る一進一退の攻防が続けられていた。

しかし復帰当初の彼は、後方のエスピリッツサントで部隊再編を担当する閑職に回され、さらに酒席で足首を骨折してニュージーランドの海軍病院に送られるという不運に見舞われる。血気盛んなボイントンにとって、ただ無為に日々を送るのは何よりも耐え難かった。

そこで、戦場へ戻るために一計を案じる。エスピリッツサントの飛行場には、部隊が解散したが次の任地が決まっていない者、本土から送られたまま人事係に忘れられた新兵、喧嘩や上官反抗の前科を持つ札付きのワル等々、一癖も二癖もあるパイロット達がたむろしていた。ボイントンは彼らあぶれ者達で中隊を編成し、自分を隊長としてソロモンへ送ることを上官に提案したのである。

前線に一機でも多くの戦闘機を送りたい海兵隊にとって、ボイントンの提案はまさに渡りに船だった。最新鋭のF4Uコルセアを与えられた彼らは、当初「ボイントンの厄介者集団」との渾名(あだな)を頂戴していたが、やがてあぶれ者の暗喩(あんゆ)である「黒羊(ブラックシープ)」の名を自ら名乗るようになる。後に、海兵隊における伝説の戦闘機中隊となる第214戦闘飛行隊「ブラックシープ」は、こうしてボイントンと共に南太平洋の戦場へと乗り込んだのである。

初陣は1943年9月17日、バラレ島爆撃隊の援護から。この日ボイントンは乱戦の中で単独5機を墜とし、太平洋戦線における初戦果を記録。続くブーゲンビル島上空の空戦では、迎撃に上がってきた零戦隊に対して太陽を背に一斉射撃を浴びせ、わずか30秒の間に中隊全体で12機を撃墜する快挙を成し遂げる。

ブラックシープ隊の名声が響き渡るにつれ、彼のスコアも一気に上向いていく。当時のアメリカ全軍における最多撃墜王は第一次大戦で26機を撃墜したエディ・リッケンバッカーだったが、やがて海兵隊のジョセフ・フォスがタイ記録に持ち込むものの、本国帰還により記録更新はならなかった。

1943年9月上旬、オーストラリアのタートルベイで第214戦闘飛行隊（VMF-214）の隊員たちと戦術について話し合うグレゴリー・ボイントン少佐（当時）

25機撃墜のボイントンはフォスに次ぐ第2位で、ブラックシープ隊の拠点であるムンダ飛行場には多くの新聞記者が押しかけて記録更新の瞬間を待ちわびていた。

「ボイントン、記録更新はいつくらいになりますか?」

「今日こそ記録を抜いてくれるんだろうね、パピー?」

連日の取材攻勢に嫌気が差したボイントンは、記者の一人を捕まえて吐き捨てるように言った。

「いい加減にしてくれ、記録を破ろうが破るまいがどっちだっていいだろう。その前に俺が死ねば、そのほうが大きなニュースになるんだろうが！」

不運にも、そんな彼の言葉は現実となるのである。1944年1月3日。ラバウル上空に出撃したボイントンは、多数の零戦に射竦められた僚機を助けようとして逆に返り討ちに遭い、1機を撃墜したところで自身も燃料タンクに被弾、そのまま未帰還となった。

部下の1人が1機撃墜とボイントン機が炎を噴いて墜ちていくのを目撃しており、ボイントンの最高位タイ記録と戦死はすぐに公認されることとなる。『リッケンバッカーの記録に追いついたボイントン、南太平洋で戦死』その知らせは瞬く間にアメリカ本土へ飛び、全米のあらゆる新聞で一面を飾った。陽気で大酒飲みな撃墜王がこの世を去ったという知らせは、くしくも本人の予言通りにアメリカで最も話題を攫うニュースとなったのである。

1944年1月、ブーゲンビル島の飛行場で離陸に備える第214戦闘飛行隊のF4U-1Aコルセア。ボイントンは同月に撃墜され日本軍の捕虜となった

捕虜生活を通じて彼が見た「日本」

……だが、ボイントンは生きていた。

海上に落下傘降下した彼は、日本海軍の潜水艦に拾われて捕虜となっていたのだ。ラバウルでは苛烈な尋問が待っていたが、持ち前の楽天主義で飄々と乗り越えていった。

捕虜となって1カ月後、彼は他の捕虜数名と共に日本本土へ送られ、神奈川県の海軍大船収容所に入所する。

「大船に来てから、私は日本人が聞いていた話とはだいぶ違うことを知った。今まで会った誰よりも綺麗好きで、ただの一兵卒でさえ身綺麗にしようと努めているのを見ると、小汚い私の方が恥ずかしくなった。日本人は野蛮で、残忍で、愚かな人種だったと私が話すのを期待する人物は多いが、十把一絡げに人を判断してはならないことを、私は長い時間をかけて学んだ」

捕虜としての日々を送る中で、ボイントンは何度も日本兵から激しい暴行を受けている。平手打ちなど日課のようであったし、時にはバットで殴られたり、地面に描かれた小さな円の中で日没まで直立不動でいるように命じられることもあった。大船の入所者は戦時捕虜ではなく特別捕虜の扱いであり、「ここにはいないもの」として国際赤十字の目の届かない場所にいたのである。

しかし、生きるのに必死な毎日を送りながらも、彼は冷静に日本人を観察し続けた。

「我々が食糧不足に喘いでいる時は、日本の食糧事情そのものが逼迫（ひっぱく）していた。炊事係となった後は仲間のぶんも含めて食べ物をくすねたが、一緒に仕事をするオバサンはそれを知りながら、休憩時になるとお茶と漬物、それに貴重品の砂糖でもてなしてくれた。オバサンにとっては、敵であるはずの私も腹を空かせた一人の若者に過ぎなかったのだろう」

1945年8月15日、大森捕虜収容所でボイントンは終戦の日を迎える。誰かが収容所の屋根に『パピー・ボイントンここにあり』と大書きし、初めてアメリカ軍は彼が捕虜となっていたことを知った。降伏調印前にもかかわらず、海兵隊はボイントン救出のため舟艇を派遣したが、そこには砂丘に立てられた星条旗を前に見事な敬礼を送るボイントンの姿があった。

帰国後、2機撃墜が追加公認されて海兵隊トップエースとなるも、間もなくボイントンは軍を退役。酒癖のため何度も職を変えたが、後に克服してアルコール依存症患者の支援活動に従事する。

1976年、彼の自叙伝を元にしたTVドラマ『BAA BAA BLACKSHEEP』が全米で大ヒット。その後は講演活動に忙しい日々を送った。1988年1月11日、75歳没。

人類史上初めて〝音速の壁〟を超えた撃墜王

チャック・イェーガー 准将

アメリカ空軍

アメリカ空軍大佐時代のチャールズ“チャック”イェーガー。音速突破後も数々の飛行記録に挑戦し、ベトナム戦争では戦闘機部隊の指揮官も務めた

軍人として優れた点

戦闘機パイロットおよびテストパイロットとしての能力、任務に対する集中力

骨折を隠して臨んだ超音速への挑戦

１９４７年10月14日朝。カリフォルニア州にあるロジャース乾湖の上には、雲ひとつ無い蒼空が広がっていた。

ロジャース乾湖の畔（ほとり）にあるミューロック陸軍飛行場の駐機場では、今まさに１機のＢ－29が発進前点検を進めている。その胴体下には、爆弾のような見かけの赤い飛行機が吊り下げられ、砂漠特有の鋭い陽光に鈍い輝きを放っていた。

12・7㎜弾をモデルとして成型された胴体は最大18Ｇに耐えられる強度を持ち、翼は一枚板から削りだされた直線翼。１基あたり６８０kgfの推力を誇るＸＬＲ11ロケットエンジンが計４基搭載され、尾部には噴射口が小さく口を開けている。

ベルＸＳ－１「グラマラス・グレニス」。それは、人類が初めて音の壁を越えるために生み出した怪物だった。

この時までにＸＳ－１は８回の動力飛行をこなしており、音速突破目前のマッハ０・９９７での飛行に成功している。しかし、マッハ０・８辺りから始まる異常振動（バフェッティング）は今なお解決策がつかめず、ＮＡＣＡ（※１）が出した「絶対安全と確信できない限りマッハ０・96を超えない」という条件の下で、この日音速突破の挑戦が行なわれることになったのだ。

搭乗員待機所では、主任パイロットの男を囲んで一つのセレモニーが行なわれていた。彼が２日前のデート中に落馬したことを聞きつけた同僚達が、眼鏡、ロープ、鞭を入れた紙袋を彼に贈った。「ローンレンジャーのようにじゃじゃ馬を乗りこなせ」という訳だ。

音速突破を目標に開発された実験機ベルXS-1（1948年にX-1に改称）と共に写真に収まるチャック・イェーガー

※1　家航空諮問委員会。航空工学の研究などを行うアメリカ合衆国の政府機関で、現在のNASA（アメリカ航空宇宙局）の前身。

その中の一人、飛行計画担当技師のジャック・リドリーが、男にそっと耳打ちした。

「例の物は、もうコクピットに積んである」

実は、男は落馬した際に肋骨を2本骨折していた。その事が公になれば、せっかくのチャンスが別の者に回されてしまう。彼はリドリーにだけその事実を打ち明け、前屈みにならなければ閉められない搭乗ハッチを別のやり方で閉鎖できないか検討を頼んでいたのだ。

リドリーは、格納庫に転がっていたモップの柄を折り、それをXS-1の操縦席横に隠した。これなら梃子(てこ)の原理を利用して姿勢を変えずにハッチを閉めることができ、しかも軽い。

「上出来だ、ジャック。ところでガムを一枚持ってないか？　後で返す」

それは、彼が危険な任務の前に相棒へと必ず伝える験担(げんかつ)ぎの言葉だった。

男の名は、チャック・イエーガー。この日モップの柄とともに空を飛び、人類初の超音速飛行を成し遂げる男である。

第二次大戦の撃墜王からテストパイロットへ

チャールズ・エルウッド・イエーガーは1923年2月13日、ウエストバージニア州リンカーン郡で5人兄弟の次男として生まれた。父の仕事を7歳の頃から手伝い、その頃から壊れた自動車を分解修理できる機械好きな子供であったらしい。

1941年9月。イエーガーはアメリカ陸軍に入隊し飛行機整備員となる。整備が完了した機体の受領テストには彼も同乗し、錐揉(きりも)み降下をはじめとする特殊飛行が行なわれたが、どうやらこの頃からパイロットへの希望が芽生えたようだ。

翌年、これまで将校だけだった陸軍航空隊搭乗員の枠を下士官まで広げた操縦軍曹(フライングサージャント)計画を知り、真っ先に応募する。だが、この時合格したのは殆どが大卒の准士官で、大学を経ていない合格者は彼を含め数人しか居なかったという。

イェーガーは戦闘機搭乗員に選抜され、P－39を装備する第363戦闘飛行隊に配属された。部隊がカリフォルニアに移動した時、後に伴侶となるグレニス・ディックハウスと出会う。二人はお互いを「特別な一人（ワン・スペシャル）」と想いあい、それからの彼は乗機に「グラマラス・グレン」または「グラマラス・グレニス」と名付けるのが常となった。

1944年1月、部隊はP－51へと機種更新した上でイギリスへ。3月4日、ベルリン上空でBf109を1機墜とし初撃墜を記録。だが翌5日、フランス西部アングレーム上空でB－24編隊を護衛中、Fw190に襲われて撃墜されてしまう。幸いにもマキ団（※2）に保護されたイェーガーは、同じく匿（かくま）われていたB－24の航法士と共にピレネー山脈を越えてスペインへ脱出。イギリスに戻った彼は本国帰還を命じられるが、アイゼンハワー将軍へ直談判の末に前線復帰が認められた。

この間、彼は北海上空でJu88を1機撃墜しているが、いまだ戦闘が禁じられていた中での戦果であり、この1機については彼の公認記録に含まれていない。

1944年10月12日、イギリスの基地で愛機P-51Dムスタング「グラマラス・グレンII」の翼に立つアメリカ陸軍航空隊、チャック・イェーガー少尉

10月11日にはブレーメン近郊において、一度の空戦でBf109を5機撃墜し銀星章（シルバースター）を受章。さらに11月6日には北ドイツの飛行場に着陸しようとしていたMe262を1機撃墜したが、これは連合軍がMe262を撃墜した初の記録となった。

イェーガーの公認撃墜記録は、1945年2月の本国帰還までに計11機。オハイオ州ライト飛行場における彼の新たな

※2　第二次大戦中、ドイツの占領下にあったフランスでレジスタンス活動を行った組織の一つ。不時着した連合軍機パイロットの保護と脱出の手助けも行った。

仕事は、整備の終わった飛行機で試験飛行する整備士官である。

だが、類まれな操縦センスを持つダブルエースの存在を、次世代機を開発する陸軍飛行試験部は見逃さなかった。それまで工学士の学歴を持つ士官パイロットばかりだった飛行試験部に、高卒までの学歴しかないイエーガーを招聘（しょうへい）したのだ。

半年間の特別課程を履修し、晴れて実験機パイロットとなったイエーガーを待っていたのは、学士パイロットからの嫌がらせの日々。しかし彼はそれを実力で跳ね返した。時には彼らに模擬空中戦を挑み、完膚（かんぷ）なきまでに痛めつけたりもした。

そうして自らの能力を証明し続けたイエーガーがつかんだのが、人類初の超音速飛行を目指して1944年にスタートしたXS－1計画の主任パイロットの座だったのである。

蒼空に響いた遠雷のような轟音

1947年10月14日、午前10時26分。高度6000mに昇ったB－29から、XS－1は静かに発進した。四つのエンジンを次々に点火して始動テスト、問題なし。イエーガーは慎重に機体を操りながら高度1万3000mまで駆け上がる。速度、マッハ0・92。

水平飛行に移ったXS－1は、第2、第3、第4エンジンを点火して加速を開始した。それまでの燃料消費で軽くなったXS－1は、文字通り矢のような勢いで急加速する。異常振動が激しい。が、イエーガーはいける、と直感した。

じりじりと上昇するマッハ計の目盛りが、やがて上限の1・0を振り切れた。

「おい、リドリー。マッハ計がおかしいぞ、振り切れた」

「おかしいなら後で直してやるよ。でもお前さん幻を見てるんだ」

後にイェーガーは語る。

「それは赤ん坊の尻のように滑らかだった。お婆ちゃんがきちんと座ってレモネードを飲める位に」

その時、地上のNACAや空軍の関係者達は遠雷のような轟音を耳にする。それは流体力学者フォン・カルマンが予言した音速を超えた瞬間の衝撃波、史上初のソニック・ブームの爆音だったのである。

滑空飛行で飛行場に戻ってきたイェーガーは、上空でXS－1を急横転させる。それは、かつて欧州の空をP－51で戦っていた頃を髣髴(ほうふつ)させるヴィクトリー・ロールだった。

地上で夫の帰りを待っていたグレニスは、最愛の人が偉業を成し遂げたことを知らなかった。機体から降り立ち、普段通りに車に乗り込んできたイェーガーは、ひどく憔悴(しょうすい)した様子でこう呟いた。

「疲れた。家に帰ろう」

走り出そうとした車は、すぐに関係者に取り囲まれた。骨折していることを知らない彼らに背中を叩かれ、冷や汗を流しながら笑顔を浮かべている夫の姿を見て、初めて彼女は夫が音速突破を実現したことを知ったのだという。

その後のイェーガーは数々の実験機を乗り継ぎながら、速度記録に挑戦し続けた。1953年2月にはX－1Aを駆ってマッハ2・44を記録するも、直後に機体は錐揉み状態に陥り、あわや墜落という事態を見事に乗り切っている。

1966年、第405戦闘飛行隊の指揮官となり、ベトナムにおいて計120回の作戦飛行に従事。1968年には准将に昇進し、第17空軍の副司令官など数々の要職に就く。1975年に空軍を退役したが、その後も空軍とNASAのアドバイザーとして空にかかわり続けた。

2012年10月14日、音速突破65周年を記念してネバダ州ネリス基地にてF－15Dで再現飛行を行う。歴史上初めて音より速く飛んだ男は、2020年12月7日、カリフォルニアにて97歳で没した。

課報・保安に関わる能力、未来を見据え必要な組織を立ち上げる能力

ＧＨＱの占領政策に影響を及ぼした筋金入りの反共主義者

チャールズ・ウィロビー 少将

アメリカ陸軍

マッカーサーの情報参謀を務め、戦後日本の占領政策にも大きな影響力を持ったチャールズ・ウィロビー

幾つかの謎をはらんだ経歴

太平洋戦争においてダグラス・マッカーサー大将の幕下に加わり、情報参謀として日本軍に対する諜報活動を指揮すると共に、戦後は連合国軍最高司令官総司令部（ＧＨＱ）において日本の占領政策に携わった、チャールズ・アンドリュー・ウィロビー。彼の経歴には、いくつかの謎が存在している。

まず、出自が判然としない。彼は１８９２年3月8日、現ドイツ南西部のバーデン大公国ハイデルベルグにおいて父フライヘア・テオドール・フォン・チェッペ=ヴァイデンバッハ男爵と、アメリカ人である母エマ・ウィロビーの間にアドルフ・カール・ヴァイデンバッハの名で生まれたと自称している。

しかし、当時のバーデン大公国にそのような名前の貴族はいない。かろうじてエーリヒ・フランツ・テオドール・テュルフ・フォン・チェーペ・ウント・ヴァイデンバッハという名前の男爵がいるが、男爵には１８９２年にもうけた息子も、アドルフという名の息子も存在せず、さらに妻の家名を継承して貴族姓を名乗ることが許されたのはアドルフが渡米した後の１９１３年のことである。

そして、その学歴についても疑義が呈されている。

アドルフは１９１０年、18歳の時に親戚を頼ってアメリカへ渡り、その年の10月に一兵士として陸軍に入隊。１９１３年の名誉除隊後、渡米前にハイデルベルク大学とパリのソルボンヌ大学に在籍していた経歴を買われて、ゲティスバーグ大学に上級学生として編入学が認められている。

だが、アドルフがどちらの大学に所属していたのか、そもそも本当にどちらかの大学で学んでいたかどうかすら判然としない。渡米時点で3年間の在学経験があったというが、だとするなら15歳から大学で学んでいたことになりいささか不自然さを感じる。そして、両校にアドルフ・カール・ヴァイデンバッハという名の学生が在籍していた記録は見つかっていない。

第一次大戦に従軍したアドルフ・カール・ヴァイデンバッハ。この写真が撮影された1918年時点の階級は大尉であった。当時はまだウィロビー姓に改める前で、その出自や経歴には謎が多い

最後に、彼が何をきっかけとして筋金入りの反共主義者になったのかが判らない。彼の共産主義に対する敵視は、その生涯を俯瞰すると何ひとつ理由らしきものが見当たらず、ある日突然に始まったようにも思えてしまう。にもかかわらず彼の頑強な反共姿勢は、ともすればファシズムすら容認し手を組もうとするほどだった。

予備役少尉として陸軍に再入隊したアドルフは、第一次大戦に欧州派遣軍の一員として従軍。戦後は中南米諸国、次いで欧州諸国へ駐在武官として派遣され、情報将校として各国の動向を調査している。その間いずれかのタイミングでウィロビー姓を名乗りはじめ、イタリアのヴェニト・ムッソリーニやスペインのフランシスコ・フランコと友誼（ゆうぎ）を深めた。

後に、ウィロビーは自著の中で語っている。

『口さがない人々は私を評してコチコチの反共主義者だという。その意味するところは、私が根拠もないのに感情に走り、無分別に振る舞っているということらしい。（中略）私は胸を張って言おう。私は反共主義者である！』

1941年12月の太平洋戦争開戦をフィリピンで迎え、マッカーサーの元で情報担当幕僚として辣腕（らつわん）を振るい続けたウィロビーは、終戦後はGHQの一員として荒廃した東京へ降り立った。

GHQにおける彼の役職は、参謀第二部（G2）部長。日本における諜報・保安、そしてプレスコードをはじめとする検閲を管轄する、GHQ情報部門のトップであった。

〝GHQの内戦〟とウィロビーの反撃

1945年10月。GHQは人権指令を発し、日本政府は治安維持法の廃止や特高警察の解散、政治犯の釈放といった諸政策を実行に移した。

一方、ウィロビーはこれらの政策に真っ向から反対している。日本進駐の当初より、ウィロビー率いるG2は日本国内への共産主義の浸透を警戒し、特高警察の情報網を活用しつつ共産主義者の動向を調査していた。

特に、解放される政治犯の中に徳田球一(※1)をはじめとする活動家やゾルゲ事件(※2)の関係者が含まれていることは、ウィロビーにとって見逃せなかった。当時シベリアに抑留されていた50万人以上の日本兵は、今後コミンテルンによる〝洗脳〟が行われるはずで、やがて復員してきた彼らが釈放された活動家と結びつけば、自由主義陣営の一員として再建を果たすべき日本の立場が根底から揺らぐ事態となる——ウィロビーは、後の冷戦構造を正確に予期していたといえるだろう。

特高警察の廃止後、その機能を受け継ぐべく内務省警保局に「公安課」を、各自治体警察本部に「警備課」を設置させたのは、何より日本への共産主義の浸透を避けるためだった。

このようなウィロビーの施策は、日本の民主化・非軍事化を推進するGHQ民政局のコートニー・ホイットニーにとって許容できないもので、両者は事ある毎に激しい応酬を繰り返していく。マッカーサーの左右の腕といえる両者の対立は、後に「GHQの内戦」と称されるほど激烈だったという。

例えば、公職追放にまつわるG2と民政局の衝突はその代表例として挙げられる。公職追放の指定者の選定については日本が自主的に行ったものとされているが、ホイットニーの民政局は度々その選定に干渉を繰り返していた。

ウィロビーが見るところ、彼らの干渉は保守派には極めて厳しく、一方で革新系の人物には非常に甘いよ

※1 日本共産党の指導者の一人で1928年に逮捕・投獄されたが、1945年10月に釈放。後に中華人民共和国に亡命する。
※2 1941〜42年、日本で活動していたソ連側の諜報員リヒャルト・ゾルゲが検挙された事件。

うだった。鳩山一郎、石橋湛山（たんざん）といった戦後政権における閣僚内定者ですら追放される一方で、左派代議士に対しては戦中に大政翼賛会の推薦議員であったにも関わらず追放から免れるよう働きかけていたのだ。

ＧＨＱ内部に共産主義シンパが紛れ込んでいると見たウィロビーは、Ｇ２の総力を挙げて内偵を開始する。その結果、民政局や経済科学局といった占領政策の主軸を担う部局の内部に、左翼フロントの関係者やソ連衛星国に係累を持つ者が多数含まれていることを「発見」したのである。

日本の国内情勢は、ウィロビーが予想した通りの方向へ動き始める。急激な民主化によって労働運動が過激化し、大規模なデモやストライキが頻発してＧＨＱの占領政策にも大きな影響を及ぼすようになっていった。

民主化を推し進めていたＧＨＱは一転してレッドパージ（※3）へと舵を切り、その意を受けた日本政府は公職追放の解除と保守派への回帰、いわゆる「逆コース」への道を辿り始める。

ウィロビーの攻勢が始まった。内務省の解体だけは避けられなかったものの、自治体警察の上位組織として国家地方警察（後の警察庁）を設置し、中央集権的な国家警察への道筋を作り上げた。

レッドパージの嵐のなかでＧＨＱの主導権はホイットニーの民政局からウィロビーのＧ２へと移り、やがては「共産主義に対する防波堤」と呼ばれることになる日本の国家再建を強力に推し進めていくのである。

なお、日本の逆コース化に大きな影響を与えた米政府内のジャパン・ロビーやその中枢である圧力団体「アメリカ対日協議会」と、反共を軸に置いた日本再建を進めるウィロビーはあらゆる点において相似形だったが、両者の間で何らかの関係があったのか否かについては今もって定かではない。

マッカーサーとともに軍を退く

ウィロビーは、極東国際軍事裁判（東京裁判）についても「史上最悪の偽善」と非難を隠さなかった。Ａ

※3　1950年、GHQの指示によって共産党員やその同調者とみなされた人々に対して行われた公職追放。教育機関や民間企業でも同様に共産党系の解雇が進められた。

1951年1月、戦争が続く朝鮮半島におけるウィロビー（前列左から二人目）。アメリカ第8軍司令官のマシュー・リッジウェイ中将（前列右から二人目）、ウォルター・B・スミスCIA長官（前列の一番右）と何やら話し込んでいる。この戦争においてウィロビーは当初、「中国軍の介入はない」と分析してマッカーサーに報告したが、その予想に反して1950年10月に中国人民志願軍が参戦し、戦線は膠着状態に陥った

級戦犯訴追者50名の内、東条英機ら28名を除く22名については二次・三次裁判が行われなかったのは、ウィロビーから強硬な釈放要求が出されたことが一因にある。

その背景には、裁判の長期化を忌避するイギリスの思惑が働いたこともあるが、何より日本の政経界の重鎮を粛清することによって起こりうる急激な左傾化を阻止しようとしたことは明白であった。

1951年8月。トルーマン大統領との衝突により更迭を余儀なくされたマッカーサーの退役へ付き従うように、ウィロビーもまた自らの軍歴に終止符を打った。

退役後のウィロビーはスペインへ渡り、マッカーサーの次に尊敬していると言って憚（はばか）らなかった独裁者フランコ将軍の顧問兼ロビイストとして活動する。その後アメリカへ戻ったウィロビーは、反共主義を強く打ち出した新聞を発行する傍ら、石油王ハロルドソン・ハントの知己を得て極右団体「キリスト教文化防衛国際委員会」のメンバーになるなど、晩年まで共産主義に対する嫌悪を隠すことはなかった。

1972年10月25日、フロリダ州ナポリにて死去。その遺骸はアーリントン国立墓地に葬られている。

軍人として優れた点：敵を理解し、敵に語りかけて行動を促す能力

和平への希望を電波に乗せ無条件降伏を促した情報将校

エリス・ザカライアス 少将

アメリカ海軍

第一次大戦時、巡洋艦「ピッツバーグ」に配属されていた少佐時代のザカライアス。この後、海軍兵学校の教官を経て1920年から日本へ赴任。1923年には横浜で関東大震災に遭い、救助活動にあたっている。日米開戦時には重巡「ソルトレイクシティ」艦長を務めていた

敵国の首都から届いた短波放送

1945年（昭和20年）5月8日。

この日、断末魔に喘ぐ日本に向けた一本の短波放送が、太平洋の空を飛んだ。

『私は米国海軍大佐ザカライアスで、ただいま首府ワシントンから話しておる者でございます。私は引き続いて、責任ある思慮深い日本憂国者に国家の前途に関してもっとも重要なる一建言をいたしたく、この有史以来未曾有（みぞう）の最大危機である今、合衆国の重要なメッセージを伝えようとしております……』

その男の日本語は甲高く独特なアクセントがある一方、当時としても非常に古風な言い回しで、ゆったりと鷹揚な口調と相まって聞く者にどことなくユーモラスな印象を与えた。

だが、その内容はいつものセンセーショナルな対日宣伝放送『ボイス・オブ・アメリカ』のそれとは明らかに異なっていた。ザカライアスと名乗ったその男は、自らは日本の皇族と陸海軍首脳に知己を持ち、日本に決して悪意を抱いていないことを強調した。そして本土上陸が目前に迫っている今、トルーマン大統領の言葉を伝えると共に日本国民に対して最良の選択をするよう求めたのである。

『ご存知の如く、今日の日本の情勢は有史以来未曾有の重大なものです。また、決して日本にとっての勝利は何らの期待がないと断言できます。同時に、勝利でなくんば全滅なり、という考えを断然否定するものです』

この前日、ドイツ降伏によって欧州での戦火は止み、日本は枢軸側の最後の一国として戦争の只中に取り残されていた。水面下で行われていた和平交渉はいずれも不調に終わり、唯一の希望であったソ連を仲介役とする交渉も進展が見られないなかで、軍部は本土決戦に向けた準備を着々と進めつつあった。

そのような状況の中で始まったこの15分間の放送は、日本が採るべき唯一の道――〝無条件降伏〟を、明確な形で求めた初めての放送となった。後に『ザカライアス放送』と呼ばれることになるこの放送は、日本側の対抗放送を呼び覚まして日米の電波戦争の様相を呈しつつ、やがて終戦へとつながるただ一つの交渉チャンネルとして機能していくことになる。

これは太平洋戦争末期の3カ月間、計14回にわたって行われた、知られざる日米の終戦に向けた直接交渉の物語である。

知日家による対日心理作戦の真意

1945年4月。作戦ナンバーW－16、短波放送を用いた対日心理作戦の作戦案が、アメリカ大統領行政府内にあるプロパガンダ機関・戦争情報局で立案された。起草者は、エリス・マーク・ザカライアス海軍大佐。

『この作戦計画の使命は、日本の戦争指導者達の抗戦意欲を弱め、我が軍が最小の人命の損失をもって戦争の早期終結を確保し、日本の無条件降伏をもたらすことによって日本本土上陸を不必要とすることにある。それは実際に、あるいは心の中で、戦争の早期終結を欲している日本の戦争指導者達に降伏のための有力かつ強力な論拠を与えると共に、降伏の手段について意見の分裂をきたしている彼らの思考を一本化することで達成しうる……』

1943年9月から1944年8月まで艦長を務めた戦艦「ニューメキシコ」艦橋におけるザカライアス(右)。この間、ギルバート諸島やマリアナ諸島の攻略戦で同艦の指揮を執った

過去に駐在武官として二度の訪日経験を持つザカライアスは、日本の美しい風景や奥ゆかしい日本人の性質に惚れ込み、その文化や習俗、歴史に関する知識では海軍において他に並び立つ者がいないほどの大の知日家であった。日本の陸海軍人や政府要人に多数の知己を得ており、また高松宮が訪米した際にはその随行員を務めるなど、皇族からも一定

の評価を得ている数少ない人物だった。

1943年に海軍情報部次長の職を得ていたザカライアスは、1944年から始まった日本の国内政治情勢に関する調査の中で、強硬論が幅を利かせる日本政府の内部にも数少ない和平派が存在することを確信していた。

そして自身が戦争情報局に転任し、対日心理作戦の最高指揮官として活動を開始するにあたって、対日宣伝放送の形を借りて和平派へのメッセージを伝えるべく立案したのがW-16だったのである。

ザカライアスの作戦計画は、ジェームズ・フォレスタル海軍長官の承認のもと実行に移された。直前になってルーズベルト大統領の死去により遅延を来したものの、ドイツ降伏を受けたトルーマン新大統領の対日宣言が速やかに出されたことで、第1回目の放送はドイツ降伏の翌日という絶妙なタイミングで送り出されたのである。

『日本人にとって、自分の国が戦争に負けるという悲劇的な事実を認めるのは難しいことではあります。かかる事実を自認するには、必ずや精神的な葛藤がありましょう。しかし考え深い日本の方々は、現実を直視することもおできになります。これは私の長年の個人的な経験から判るのです……』

続く2回目の放送では、ザカライアスは無条件降伏という言葉の定義について深く言及している。

『無条件降伏とは純粋に軍事的用語です。抵抗行為の中止、武力の放棄という意味なのです。それは隷属化を強要するもので

首都ワシントンから日本へ向けて降伏を促す放送を行うザカライアス。マイクの前で自らが執筆した日本語の原稿を読み上げた

はありません。それは日本民族の根絶を意味するものではありません』

アメリカ政府はカサブランカ会談後に出された無条件降伏要求が、結果的に日本やドイツの強い反発を呼び寄せたことに失望していた。ザカライアスは、無条件降伏という言葉があくまで軍事的な用語であることを再確認することで、本土決戦を志向する日本人に対して希望の道を開いてみせようとしたのである。

日本の和平派にとっての希望となる

日本側の反応は、ザカライアス放送4回目の後でラジオ・トウキョウ（※1）に乗って流れてきた。

『こちらはイノウエ・イサムです。日本の新聞記者です。日本は大統領が発した声明に沿い、若干の変更を加えた上で、米国に降伏の条件を提示できます……』

このイノウエとは、内閣直属機関・情報局に所属していた同盟通信社海外局情報部長の井上勇のことである。この時点で日本側はザカライアス放送の真意を計りかねており、まずは探りを入れるために井上がマイクの前に立ったのだ。

ザカライアスは、井上の発言の裏に隠された日本側の状況を正確に読んでいた。

「彼は私に『ザカライアス君』と呼びかけていた。その『君』という日本語は、親しい友人の間でだけ用いられる言葉であった。井上の放送は日本の心理状態を明らかにしただけでなく、私の放送が全く予定通りの効果を上げていることを証明するものであった」

日米の終戦に向けたギリギリの探り合いが始まった。日本側の放送は、必ず勇ましくも長い前段の後で回りくどく真意を伝えてくる。それは政府内で強大な発言権を持つ主戦論者の動きを警戒してのものだったが、基本的にその要求は「国体の護持」「国土の保全」の二つを軸としていた。

無条件降伏という言葉の意味合いについて、日米双方で摺り合わせを行う場面もあった。

※1　当時の社団法人日本放送協会が行っていた海外向けラジオ放送。

井上「世界の歴史の中で無条件降伏というものは有り得ない。降伏の条件を知らせよ」

ザカライアス「日本の無条件降伏とは、軍が解体され兵士が復員することを意味する。もともと貴国の山下奉文将軍がシンガポールで使った言葉だ」

井上「日本はこれまで負けたことがない。負け方を教えて欲しいのだ」

ザカライアス「それはおかしい。貴国の西郷隆盛は西南戦争で敗北したし、源平の侍達も終始降伏を繰り返していた。負け方を知らない訳がない」

ザカライアス放送はすべてレポートに纏められ、高松宮や鈴木貫太郎、近衛文麿、吉田茂ら和平派の皇族や重臣の元に届けられていた。そして、それら秘密裏の動きですらザカライアスは短い日本側放送の中から見抜き、彼らを後押しするように米側には領土的野心は無いこと、大西洋憲章(※2)に基づいた戦後日本の再建を重ねて強調している。

日本の和平派にとって、ザカライアス放送が連合国との講和に至る最後の希望となっていたことは間違いない。現に7月17日に出されたポツダム宣言を受けて、これが降伏にあたっての実際の条件であることを正確に理解していた。ザカライアスの語りかけがあったからこそ、日本側はポツダム宣言をただの謀略と受け取ることなく、アメリカからのメッセージとして素直に受け取ることができたのである。

だが、軍部をはじめとする強硬派を抑えるため手をこまねいている間に、広島・長崎への原爆投下とソ連の対日参戦という最悪の状況を迎えてしまう。これをもってザカライアス放送は間に合わなかったとする論もあるが、その内容は高松宮を通じて天皇の耳にも入っていたはずであり、それによって8月10日の御前会議における終戦の聖断が速やかに下った、と見るのは穿(うが)ちすぎだろうか。

戦後早々に軍を離れたザカライアスは、人気TV番組のナレーターを務めるなど精力的に活動し、1961年6月27日に心臓発作で世を去った。享年71。

※2 1941年8月にルーズベルト米大統領とチャーチル英首相が調印した、第二次大戦の戦後処理や戦後の国際秩序に関する構想。

軍人として優れた点

旺盛な攻撃精神、勇敢さ、望んだ状況を造り出す計算高さ、戦車の運用に対する慧眼

ドイツ軍に最も恐れられた猪突猛進の陸戦指揮官

ジョージ・パットン 大将

アメリカ陸軍

アメリカ陸軍における機甲戦の先駆者であったジョージ・パットン。戦争狂とも言えるほど強烈なキャラクターの軍人として有名であり、自らをカルタゴの名将ハンニバルの生まれ変わりと信じていた

米陸軍における戦車運用の第一人者

猪突猛進。

軍人としてこの特質を備えた者は枚挙に暇(いとま)が無いが、ジョージ・スミス・パットンJr.ほどこの言葉を、生涯を通して自ら実践し続けた者はそうはいない。

1885年11月11日、カリフォルニア生まれ。その血筋は間違いなく名門だが、父の代で何度も負債を抱えたパットン家の生活は見た目ほど恵まれておらず、それが彼の生涯に見える無謀なまでの大胆不敵さに表れたのかもしれない。

立ち止まることを知らぬかのように、すべてを前進に賭ける精神力。強大な敵にも一切の恐れを見せぬ、野蛮なまでの勇敢さ。言い換えれば、彼はかの国の男達に連綿と受け継がれてきた「アメリカン・スピリッツ」の理想的な体現者だったといえるだろう。

だが、これらの特質のみが彼の全てだと評するのは間違いだ。自らの性格に純真なまでに従っているかと思えば、どこか計算ずくで豪壮な性格を演じているようなしたたかさも垣間見える。無邪気さと計算高さの曖昧模糊(あいまいもこ)とした人間性、それこそがパットンという男を表す一番の言葉なのかもしれない。

例えば、彼は第二次大戦前のアメリカにおける戦車運用の第一人者と見られており、それは確かに一面では真実だったが、彼自身は何かの定見をもって戦車の世界に足を踏み入れたわけではなかった。

第一次大戦時、アメリカ海外派遣軍内に初の戦車旅団が創設されたとき、パットンはその指揮官として前線で戦った。ジョン・パーシング派遣軍司令官の推挙によって決まった人事だったが、この時のパットンは戦車に何の価値も見出しておらず、単に「新兵器の部隊指揮を任されれば、この分野において唯一無二の存在になれる」という功名心のみで、パーシングに自分を戦車隊の指揮官とするよう自薦の手紙を送り続けたのである。

それにも関わらず、パットンは戦車を騎兵に代わるものとして、機動的に運用してこそ絶大な威力が発揮できることを見抜いていた。それ故に、次の戦争では機動力こそが勝敗を決すること、そして戦車が陸戦の主役となることを正確に予期していたのである。

無用と断じていたにも関わらず、同時に未来の戦場を支配できる兵器であると見抜いたこの二面性にこそ、パットンに内在する複雑な人間性が垣間見える。

パットンの予想は、後に最高の形で証明された。彼の軍歴が最も輝く、第二次世界大戦の戦場において。

シチリア戦で英軍との対立を招く

パットンはどこまでも利己的な男だった、という評がある。特に、同僚であるはずのアメリカ陸軍の将官からが著しい。

いかにも、彼はどこまでも傍若無人に振舞った。1942年11月、第1機甲軍団を率いてモロッコに上陸して以降、パットンは部下に厳しく、上官にとっては扱いづらい将軍であり続けた。

参戦当初のアメリカ軍は兵力こそ充足していたものの、近代戦に対する理解に乏しく、また長い戦間期に兵士の士気は倦み、戦意が著しく欠けていた。戦場をチュニジアに移してからは経験豊かなドイツ軍の前に大敗を繰り返し、味方である筈のイギリス軍から「彼らは甘くて未熟で、まったく訓練が足りない」と侮蔑される始末だった。

更迭されたロイド・フリーデンダール中将に代わってパットンが第2軍団司令官に着任し、第一に綱紀粛正を謳って徹底的に部下達を締め上げていなければ、この時期のアメリカ軍はさらに損害を積み重ねていたことだろう。

また自己演出の一環とはいえ、自ら全軍の先頭に立つ彼の積極的な統率が無ければ、イギリス軍と共に東西からドイツ軍を挟撃し、北アフリカから駆逐することは叶わなかった筈だ。

しかし、パットンのそんな攻撃的な振る舞いは周囲に強烈な不満を抱かせる結果となった。続くシチリア戦で見せた彼の態度は、ついに彼自身の身に最悪の形となって降りかかる。

1943年7月、パットンは第7軍司令官としてシチリア島に上陸。当初の作戦計画では、北部のメッシナへと直進するイギリス第8軍の側面援護のため、第7軍は島の西部をおさえる予定となっていた。

だがパットンは任務を拡大解釈し、瞬く間に西部を占領した後、エトナ山の防御線を攻めあぐねる英第8軍を尻目にメッシナに向けて猛烈な進撃を開始したのである。

英第8軍を率いるバーナード・モントゴメリーにとって、アメリカ軍は未だ戦意に乏しく未熟な軍隊であり、ドイツ軍を撃破してメッシナを占領するのは自分達イギリス軍こそふさわしいと考えていた。

一方でパットンもまた、モントゴメリーの慎重に過ぎる指揮ぶりは全く反りが合わず、先んじてメッシナを占領することでモントゴメリーの鼻を明かしてやろうと考えていたのだ。

独伊軍がイタリア本土へと撤退した後、先にメッシナを占領したのはパットンだった。メッシナ一番乗りの名声をパットンに奪われて面目が丸潰れとなったモントゴメリーは、以降パットンを心底から毛嫌いしていく。

そしてパットンもまた、第7軍司令官の職を解任された。野戦病院にいた戦闘神経症の兵士を殴ったスキャンダルが直接の原因だが、当初の作戦計画を無視して米英両軍の無用な対立を招き、軍上層部

連合軍のノルマンディー上陸後の1944年7月、モントゴメリー(右)、ブラッドレー(中央)と談笑するパットン(左)。和やかな場面に見えるが、シチリア戦ではモントゴメリーを出し抜く等、パットンの言動は連合軍内で多くの摩擦を生んだ

の反感を買ったこともまた理由にあったことは間違いない。

パットン第3軍、西部戦線を大進撃

一方で、パットンを指して「第二次大戦最高の陸戦指揮官」と見る向きもある。これは敵であったドイツ軍の中に多く見られる評価だ。特に、西部戦線で彼と矛を交えたゲルト・フォン・ルントシュテット元帥は、戦後「これまで戦った内で最も優れた将軍」と称し、モントゴメリーの型に嵌(はま)った指揮振りと対比している。また、同じく西部戦線で指揮を執ったギュンター・ブルーメントリット大将は「我々はパットンを連合軍の中で最も攻撃的な将軍だと高く評価していた。信じがたい先制力と稲妻の如き行動力を持った男だった」と、最大級の賛辞を送っている。

事実、パットンはドイツ流電撃戦の、連合軍側における最高の体現者といえた。ノルマンディー上陸作戦の後、第3軍司令官として戦場に返り咲いたパットンが見せた、中部フランスにおける大進撃はその最たる例だろう。

「コブラ」作戦でドイツ軍主戦線を突破すると、以降は徹底的に機動力を活用してドイツ軍の後方を遮二無二駆け続けた。敵の拠点にあっては迂回して連絡線を遮断し、次々と無力化。時に補給が追いつかず進撃速度が鈍ることもあったが、それでもノルマンディー上陸からわずか2カ月後には、ドイツ本土を指呼の間におさめるロレーヌ地方まで到達しているのだ。

また、ドイツ軍最後の大反撃といわれるバルジの戦い(※)においては、バストーニュが包囲される前の段階ですでにパットンの第3軍は北方への進撃体制を整え始めており、アイゼンハワーからの命令にも即座に対応してドイツ軍の側背を痛撃している。

これはパットンが持つ類まれな戦場の勘が、最高の形で発揮された好例といえる。

※ 「バルジの戦い」(Battle of the Bulge)は連合軍側の呼称で、ドイツ軍側の作戦名は「ラインの守り」作戦。戦場となったベルギー領内の地名から「アルデンヌの戦い」とも呼ばれる。

舌禍による失脚と意外すぎる最期

だが、パットンの中に確かにあった無邪気さは、彼自身に不本意な末路を招くことになる。

ドイツ降伏後、バイエルン地方の軍政担当となったパットンは、そこで当時のアメリカ社会では絶対に看過されない一言を放つ。それは、とある記者が質問したナチス党員の処遇問題に対する、パットンの回答であった。

「自分は非ナチ化政策を重視しない。我々占領軍が旧ナチス党員を雇用すれば、占領政策の能率も上がるだろう」

「それは、ナチスはアメリカにおける共和党や民主党と同じようなもの、ということですか？」

「そのようなものだ」

さらにパットンは、この機会にドイツと手を結んで東から攻め寄せるソ連を叩くべきだと、日頃から公然と言い放っていた。まさに将来の冷戦構造を予期する言葉だったが、当時はソ連と協調してドイツの軍政を安定化させることに腐心していたアイゼンハワー以下の最高司令部にとって、パットンの言葉はその努力を水泡に帰す可能性のある危険因子といえた。

もはや、何者もパットンを擁護することはできなかった。彼は1945年10月、第15軍司令官へと異動となる。第15軍は戦史編纂を担当する実体のない部隊であり、事実上の左遷であった。

そして1カ月後の12月9日。マンハイムに向けて移動中に乗っていた車が接触事故を起こし、投げ出されたパットンは頸椎（けいつい）を損傷。その12日後、ハイデルベルクにおいて肺栓塞症でこの世を去る。

あまりにも突然の死に、一時は暗殺説まで囁かれたパットンが最後に残した言葉は「自動車事故で死ぬなど、軍人の死に様ではないな」だったという。

冷静沈着さ、適切な決心を為しうる知力、優秀な人材を見出し登用する能力

冷静かつ緻密な頭脳を駆使し勝利をもたらした〝沈黙の提督〟

レイモンド・スプルーアンス大将

アメリカ海軍

寡黙にして冷静沈着を身上としたレイモンド・スプルーアンス海軍大将。側近の一人からは「稀代の怠け者」とも評されたが、それもスプルーアンス流の自己管理術だったとみられている

冷静で寡黙な知られざる提督

第二次大戦における太平洋の戦いにおいて、第5艦隊（※1）司令長官として中部太平洋方面の作戦を指揮したレイモンド・エイムズ・スプルーアンス。

現在の知名度とは裏腹に、彼ほど茫洋として掴みどころがないアメリカ海軍軍人はそういない。独特な個性をもつ将官が綺羅星（きらぼし）のように並ぶアメリカ海軍にあって、彼には特徴といえる特徴は無く、また彼自らもそのように振舞っていた節がある。

しかし、それは無能を意味しない。ミッドウェー海戦で偉大な勝利をもたらし、1943年以降は大日本帝国打倒を目指す2本の主攻軸の一翼を担って、ギルバート・マーシャル諸島からマリアナ、硫黄島、沖縄と戦場を渡り歩いてきた。その軍歴を見れば、名将と呼ぶに相応しい実績を持つ提督といえるだろう。

だが第二次大戦の終結後、彼は恒久的階級である元帥にはなれなかった。元帥位の最も有力な候補とされながら、元帥位は国民的人気が高かった朋友ウィリアム・ハルゼーに与えられることになったのだ。その後も彼を元帥に推す動きはあったものの、ついに叶えられることはなかった。当時の彼は、それほどまでに一般に知られていない提督だったのである。

海軍史研究家のサミュエル・E・モリソンは、スプルーアンスをこう評している。

『スプルーアンスの主たる特徴は注意周到、沈着かつ適切な決心を為しうる知力にある。彼は誰をも羨むことなく、誰を競争相手と見ることもせず、彼に接する全ての人たちから尊信を受け、祖国のために黙々と勝利に向かって邁進した』

戦場にあっては常に冷静に振る舞い、いかなる苦難を前にしても黙して語らず自らを律し続け、戦いが終われば静かに表舞台から去った〝沈黙の提督〟。

※1　太平洋戦争中に編成された米海軍の艦隊。基幹部隊は基本的に第3艦隊と同一だが、ハルゼーが指揮を執る際は第3艦隊、スプルーアンスが指揮を執る際は第5艦隊となった。

スプルーアンスは、まさに軍人としてかくあれかしという理想を体現した男であったのだ。

海軍軍人としての歩みと、親友ハルゼーとの出会い

1886年7月3日、メリーランド州ボルチモア生まれ。両親共に裕福な家系の出だったが、父アレクサンダーは超然とした性格であまり子供に関わらず、また母アンナも自らの生活を優先する性分で、穏やかな家庭ではなかったようだ。さらに弟たちが生まれると彼に対する愛情は希薄となっていき、6歳の頃に母の実家ヒス家へ預けられることになる。

思春期の一番大切な時期に家族と過ごせなかったレイモンドは、内向的かつ受動的な少年として育った。この事が、将来の〝沈黙の提督〟を形作る原点になったのかもしれない。

幸い、新たな家族は愛情を持って彼を迎え入れた。彼自身もまた、自分の最も幸せな時期がこの頃だったと後に述懐している。

しかし彼が高校生の頃、ヒス家が破産。やむなく彼はインディアナポリスの実家へと戻ることになる。この頃のスプルーアンス家もまた破産同然の耐乏生活を送っており、新聞社に勤める母の収入に頼っていた。家族に経済的負担をかけず学業を続けるためには、無料で高等教育を受けられる学校に行くしかない。母の後押しもあり、彼はインディアナ州の推薦を得て1903年にアナポリス海軍兵学校へ入学する。

1906年9月、士官増強政策による繰り上げで卒業。翌年、戦艦「ミネソタ」乗組の少尉候補生としてグレートホワイトフリート（※2）世界周航に参加、日本では東郷平八郎元帥の歓迎を受けて国民に対する敬愛の念を深める。第一次大戦では新型の電気装備を監督する士官として国内の造船所を渡り歩いており、欧州の戦場には出ていない。

戦後の海軍縮小政策により将来に不安を覚えたスプルーアンスは、この際海軍からの退役も考えていたと

※2　1907〜1909年にかけて、海軍力誇示のため世界一周航海を行った、戦艦16隻を中心とする米艦隊。船体を白く塗装していたことからこう呼ばれる

いう。しかし養父の説得で海軍に残ることを選択したスプルーアンスは、1920年に駆逐艦「アーロン・ワード」の艦長に就任。所属は第32駆逐隊、司令は後に無二の親友となるウィリアム・ハルゼーである。

片や寡黙で緻密、片や豪放磊落で攻撃的。まるで正反対の性格をもった二人は妙にウマが合った。

ハルゼーが「駆逐艦の艦長として極めて優れた技能を持っているだけでなく、その性格、並びに頭脳においても極めて優れた人物である」とスプルーアンスを激賞すれば、彼もまたハルゼーの海軍軍人としての能力とその勇敢な攻撃精神を大いに評価している。

後に、スプルーアンスが艦長として赴任した駆逐艦「オズボーン」において、前任者のハルゼーは乗員達を集めてこう訓示した。

「新たに着任する艦長は、極めて優秀な男である。その生真面目さだけで誤解することがないよう諸君等に要請する」

ハルゼーと家族ぐるみで付き合う中で、スプルーアンスの氷のように冷静な振る舞いも徐々に解きほぐされていった。二人で飲みに行った時など、深酒が過ぎてハルゼーに担がれ帰宅することも度々あったという。

やがてスプルーアンスとハルゼーの海軍軍人としての道が分かれると、スプルーアンスは元の寡黙な性格へと戻っていった。この後、彼が深酒によって身を持ち崩す事態になるのは、彼自身の言葉によるとそれから四半世紀の後、1945年の対日戦勝利の日以降のことである。

艦隊司令官へ抜擢され、対日戦を勝利に導く

スプルーアンスは、自分が将来将官として大艦隊を指揮する立場になるとは思っていなかったという。しかし彼の才能を見出した多くの人々の尽力によって、スプルーアンスは昇進の階段を駆け上がっていく。

1941年12月8日の太平洋戦争開戦は、第5巡洋艦戦隊の司令官としてオアフ島の西200マイルで迎

えた。混乱する母港へ戻ったスプルーアンスは、日本軍の上陸を恐れる部下達に冷静に言った。

「もう日本軍は来ないさ。さもなければ我々は、今まさに攻撃されているはずじゃないか」

重度の皮膚病に罹（かか）ったハルゼーに代わって第16任務部隊の指揮を引き継いだスプルーアンスは、航空戦の素人ながら1942年6月のミッドウェー海戦で勝利を収めた。その功績により太平洋艦隊参謀長となったスプルーアンスだったが、彼の非凡な指揮能力を見たチェスター・ニミッツ司令長官は中部太平洋に散在する日本軍の拠点攻略のため、彼に空母18隻、戦艦12隻という史上空前の戦力を持つ大艦隊の指揮を担わせる。

スプルーアンスが着任した中部太平洋艦隊司令部は、徹底した合理主義で固められた。彼は司令部幕僚の数を通常の半数となる32名に抑え、指揮系統をコンパクトにすることで迅速な作戦行動を可能としたのである。

刻々と変化する状況に速やかな決断が求められる空母機動部隊の指揮官にとって、自らの采配が即座に全軍へ行き渡る体制は大きな武器となる。中部太平洋艦隊の戦力を縦横に駆使し、日本軍の防備強化に先んじて攻略に成功したギルバート・マーシャル諸島の戦いなどは、彼が目指した緻密かつ電撃的な艦隊行動がよく表れているといえよう。

一度だけ、彼の慎重な性格が裏目に出た事件があった。フィリピン海海戦（日本側呼称：マリアナ沖海戦）

左からスプルーアンス、海軍作戦部長アーネスト・キング大将、太平洋艦隊司令長官チェスター・ニミッツ大将、および米陸軍のサンダーフォード・ジャーマン准将。1944年、サイパンにて。よく対比されるハルゼーとスプルーアンスだが、ニミッツやキングといった上官からの評価は、スプルーアンスの方が高かったという

中部太平洋に散在する日本軍の拠点攻略のため陸軍の将官たちと打ち合わせをするスプルーアンス（中央）

において、彼は上陸船団の支援に固執するあまり接近する日本艦隊への積極的な攻撃をためらい、ついには生き残りの大部分を取り逃がしてしまったのだ。

この件については戦後長らく議論が繰り返されたが、上陸船団の安全が確保されたことで結果的にマリアナ諸島への進攻が順調に進んだ点、並びに敵空母3隻（内2隻は潜水艦による戦果だったが）を沈める一方で自軍の損害は局限できたという点において、彼の判断は正しかったとする意見が現在のところ大勢となっている。

硫黄島、それに沖縄と、ハルゼーと度々指揮権を交代しながら戦い続けたスプルーアンスは、グアム島で日本本土進攻作戦の準備中に終戦の日を迎える。その後ニミッツの後任として太平洋艦隊司令長官となるが、すぐに海軍大学校長へ転任。

１９４８年７月１日、スプルーアンスは静かに海軍を去った。52年、トルーマン大統領の指名を受け、駐フィリピン大使を３年に渡って務める。その後第二の引退生活を穏やかに送り、１９６９年12月13日に死去。享年83。

晩年のスプルーアンスが、友人に宛てた手紙が残っている。

『私自身の事を客観的に見てみると、私が自分の人生において成功したと思われるものは、主として私に人を見る目があったからだと考えている。私は怠け者であり、誰かにやらせることが出来ることは自分でやったことは無かった。私は親から健全な体を受け継ぎ、しかも健康を維持することが出来たことに感謝している』

彼の精神は最期の瞬間まで、謙虚で自制的な海軍軍人であり続けたのだ。

第三章●ドイツ軍の軍人

戦闘機パイロットとしての能力、自らが信じたスタイルを貫き通す姿勢

比類なき空戦技術を体得し〝アフリカの星〟と呼ばれた撃墜王

ハンス・ヨアヒム・マルセイユ 大尉

ドイツ空軍

超人的な空戦技術と端正な顔立ちを併せ持ち、国民的英雄となったマルセイユ大尉(最終階級)。襟元には100機撃墜の功により授与された剣付柏葉騎士鉄十字章を佩用している

ドイツ空軍きっての問題児

「もし彼が戦闘機パイロットになっていなかったのなら、問題児から感化院へ、そして遂には闇へと葬り去られていたことだろう」

ドイツ空軍第27戦闘航空団（ＪＧ27）司令として主に北アフリカで指揮を執ったエドゥアルト・ノイマンは、後に部下であったマルセイユをこう評している。

軍規違反と命令不服従の常習者で、規定を外れた長い髪と甘いマスクに物を言わせて多くの女性と浮き名を流し、そして自らを飾り立てるようにそれを周囲へ声高に喧伝する。洒落者の多いドイツ空軍でも極めつきの問題児だったが、しかし一度空へ飛び立つと魔術的なまでの空戦技量でスコアを重ね続け、ついには１５８機という個人戦果を掲げることになるスーパーエース。

驚くべきは、このスコアは米英を中心とする西側連合軍機に対して、わずか1年半の間にあげた戦果であることだろう。会敵機会が多く、また彼我の技量に大きな隔たりがあった東部戦線では２００機を超えるエースも複数いるが、西側連合軍機だけでこれほどのスコアを稼ぎ出したパイロットは彼の他に存在しない。

それが、ハンス＝ヨアヒム・ヴァルター・ルドルフ・ジークフリート・マルセイユという男だった。

単独行動を繰り返し、上官の不興を買う

１９１９年12月13日、ベルリン生まれ。その名が示すとおり先祖は南フランスから迫害によって逃れてきた新教徒で、実父はドイツ陸軍の将軍だった。幼少の頃に両親が離婚して彼は母親に引き取られたが、どうも新しい家族との関係はあまり良くなかったらしく、空軍入隊を機にマルセイユ姓へと戻している。あるいはこの少年時代の孤独が、後の破天荒な生き方の原点であったのかも知れない。

1940年8月24日、バトル・オブ・ブリテン（※）の渦中で初撃墜を記録。英仏海峡の上空でマルセイユは7機を撃墜し一級鉄十字章を受章したが、しかし周囲との軋轢（あつれき）は高まるばかりだった。

編隊長に続く2番機であったにもかかわらず、彼は度々編隊を抜け出しては敵に単機空戦を挑んでいた。編隊長の指示にも従わずスタンドプレーを繰り返し、そして基地に帰ってくると街へと飛び出して、派手に女遊びを重ね続ける。同僚の忠告にも耳を貸さず、やがて彼の周囲には誰も寄りつかなくなっていった。

ついには彼が援護すべき編隊長が撃墜されてしまい、彼に対する非難は弾劾へと変わっていく。部隊を放逐されたマルセイユは第52戦闘航空団へ転属となったが、ここでも中隊長ヨハネス・シュタインホフの不興を買ってしまい、さらに第27戦闘航空団へと転属させられてしまうのだ。

当時、JG27の第I飛行隊長であったノイマンもまた、マルセイユとの初対面は最悪の一言だった。

「彼の髪は長すぎたし、腕の太さほどもある軍規違反履歴書の束を持って私の前に現れた。英仏海峡では7機の撃墜を主張していたが、その内の4機は戦果として認められはしたものの実際は未確認だった。何より彼はベルリンっ子で、多くの女性との一夜の体験談を自慢げに喧伝し、そして気性が荒く神経質で御しにくかった」

だが、このJG27での苛烈な日々の中で、マルセイユは類い稀な空戦の才能を開花させ、将来のスーパーエースへの道をひた走っていくのである。

撃墜王〝アフリカの星〟の誕生

1941年4月18日、JG27はユーゴスラビアで短期間の任務に就いた後、北アフリカ・トリポリ近郊の基地へ展開した。

北アフリカ戦線に来た当初のマルセイユは、むしろ自分の機体を壊すことが多い平均以下のパイロットに

※　1940年7月10日から10月31日までイギリス上空とドーバー海峡にて、ドイツ空軍とイギリス空軍の間で戦われた大規模な航空戦。

過ぎなかった。敵編隊の中心へ単機でまともに突っ込んで行き、四方八方から銃火を浴びて蜂の巣のように被弾することが多かったのだ。同年4月から8月にかけて4機ものBf109Eをスクラップとし、さらには同じ敵パイロットに2回も撃墜されるという珍記録も生んでいる。

ノイマンの再三の忠告にもかかわらず、彼はこの戦法に固執し続けた。無事に空戦を切り抜けた時は、その帰路に僚機を相手として練習を繰り返した。がっちりと編隊を組んだ敵を内側から引っかき回し、バラけた所を急旋回に次ぐ急旋回で一機ずつ追い込んでいくのである。過酷なG（重力加速度）に耐えるため脚と腹筋を鍛え上げ、視力を向上させるためにミルクをガブ飲みして、どんなに眩しくてもサングラスを使わなかった。

やがて、マルセイユは余人には決して真似のできない能力を会得していく。彼はいかなる旋回中でも敵機の未来位置を完璧に予測し、機首からコクピットにかけての急所へ正確に銃弾を送り込むという偏差射撃の名手となっていくのだ。

北アフリカ戦線でメッサーシュミットBf109戦闘機に乗り込むマルセイユ

偏差射撃をものにした戦闘機パイロットは、マルセイユの他にも多くいる。だが彼の凄味は、たとえ射撃時点で敵機が見えなくとも、銃弾を送り込めばそこに吸い込まれるように敵機がやってくるという一点にあった。

彼我共に垂直旋回している時、敵機の未来位置を狙おうとすればその姿は自らの機首の陰に隠れてしまい、照準することなど到底できない。しかしマルセイユはその状態でも射撃を行い、そして次の瞬間には急所を射貫かれた敵機が火を噴いているのである。まさに、神業と言って良い射撃術であった。

ついに唯一無二の技を手にしたマルセイユは、次々と記録を塗り替えていく。年末までに25機撃墜を達成、翌１９４２年２月末には50機撃墜により騎士鉄十字章を受章。さらに６月３日、16機のＰ－40に対して単機で空戦を挑み、３人のエースを含む６機を撃墜。スコアを75機にのばして柏葉付騎士鉄十字章を受章する。

彼の戦い方に苦言を呈していたノイマンもその実力を認め、「空戦においては列機を気にせず自由に飛んで良い」というお墨付きを与えた。部隊はマルセイユの援護役にまわり、戦友達の協力を得たマルセイユはただ一機で敵編隊と渡り合い、そして日々スコアを重ね続けていく。事実、この時期のＪＧ27ではマルセイユのスコアだけが突出しており、彼がいかに戦友の援護の下で自由に戦っていたかを如実に表している。

９月１日、この日は三度の出撃で合計17機もの敵機を撃墜。翌日にはさらに５機を撃墜してスコアを１２６機にのばし、これにより戦闘機乗りとしては６人目となるダイヤモンド剣付柏葉騎士鉄十字章の授章が決定するのだ。

ほんの一年前まで空軍でも名うての鼻つまみ者だった若者は、今や「アフリカの星」としてドイツ中に勇名を轟かせるパイロットとなったのである。

愛機の垂直尾翼に撃墜マークが追加される様子を見守るマルセイユ

英雄の真の姿とその最期

だが、本当のマルセイユとはいかなる男だったのか。

それは英仏海峡で最初の撃墜を記録した後、母に宛てた手紙から窺い知ることができる。

「僕にはうまく受け止められない。僕が撃墜した敵にも母親がいて、息子の戦死の知らせを聞いたらどんな感情を抱くだろう。そしてその死の責任は、間違いなく僕にあるんだ……」

北アフリカでも、マルセイユは自分が撃墜したパイロットを助けるために何度も車を出して墜落地点へと向かっている。そこで敵の死を確認すると数日後には敵の基地へと飛んでいき、上空からその様子を知らせるメモを落とすこともあった。

これらのエピソードから垣間見えるマルセイユの姿は、年齢相応の一人の青年ということだ。自分が手を下した敵の死を悲しみ、その家族に想いを馳せる純粋でナイーブな内面を、派手な生活で覆い隠そうとする姿こそ真のハンス・ヨアヒム・マルセイユという男ではなかったのか。

そして、彼は心身共に疲れ果てていた。1942年夏、休暇から戻る途上のイタリアでマルセイユは一時行方をくらませたが、関係者の捜索で居所を突き止められ、長い説得の末に原隊へ復帰するという椿事を起こしている。幸い脱走行為については不問とされ、処分されることはなかったという。

連日の空戦の中で数え切れないほどの敵を屠り、一方でようやく得た戦友達も一人、また一人と自分の前から消えていく。そんな戦争の現実の前にマルセイユの精神は痛めつけられ、基地では毎夜夢うつつで彷徨う彼の姿があった。

そして、彼もまた戦争の顎に捉えられる日がやってくる。1942年9月30日、味方爆撃隊の援護のため飛び立ったマルセイユは、その帰途で乗機がエンジン火災を起こして脱出。しかし機速が高すぎたために垂直尾翼で胸を強打し、そのまま落下傘を開くことなく砂漠へと落ちていったのである。

享年22。彼が手にするはずだったダイヤモンド剣付柏葉騎士鉄十字章は、ついに彼の襟元を飾ることはなかった。

軍人として優れた点

潜水艦長としての能力、無駄のない効果的な戦術を駆使する能力

圧倒的戦果で連合軍を脅かした不世出のUボート艦長

ロタール・フォン・ペリエール 中将

ドイツ海軍

最高位のプール・ル・メリット勲章を佩用した海軍大尉時代のロタール

史上最高の戦果を挙げた潜水艦長

両大戦を通じて連合軍艦船に多大な被害を与え、ドイツ海軍の代名詞的存在となったUボート。その巨大な戦果を艦長ごとに見ていくと、撃沈総トン数10万トンを超える潜水艦エースとなった者がドイツ海軍には実に多い。第二次世界大戦時の艦長では、「エース・オブ・ザ・ディープ」と呼ばれたオットー・クレッチマーの撃沈46隻（計27万3043トン）を筆頭に、以下ヴォルフガング・リュートの46隻（計22万5204トン）、エーリヒ・トップの35隻（計19万7460トン）と続く。

だが、そんな彼らをして絶対に辿り着けない巨大な撃沈戦果を挙げたUボート艦長が、かつてドイツ海軍には存在した。その男は第一次世界大戦の地中海において撃沈194隻、総トン数にして45万トン以上という圧倒的な大戦果を挙げ、両大戦のみならず現在もなお覆ることのない史上最高の潜水艦長として戦史にその名を刻んでいる。

彼の名は、ロタール・フォン・アルノー・ド・ラ・ペリエール。

それまで潜水艦とは全く縁遠い軍歴を歩みながら、艦長として配属されて以降はその秘めた才能を開花させ、後に連合軍側から恐れられることになる男である。

副官勤務を経た後、潜水艦部隊へ

1886年3月28日、プロイセン王国ポーゼン（現：ポーランド共和国ポズナン）生まれ。ペリエール家は18世紀にフランスからプロイセンへ移ってきた亡命ユグノー貴族であり、家族に伝わる史話によると曾祖父のヨハン・ガブリエルがブルボン家の王子と決闘を行い、後難を避けてプロイセンへ渡ってきたのだという。

以来、ペリエール家の男子は代々プロイセン軍に仕えており、若きロタールが軍人の道を選択するのも至極当然の流れだった。ただし、プロイセン陸軍軍人となる者が多いペリエール家の男たちの中で、彼だけがドイツ皇帝ヴィルヘルムⅡ世のもとで新設された帝政ドイツ海軍に奉職しており、そこは家の伝統に対する彼なりの反発心があったのかもしれない。

士官学校で水雷術と砲術の特別講習を修めたロタールは、1906年に海軍少尉に任官。戦艦「クルフュルスト・フリードリヒ・ヴィルヘルム」「シュレジェン」「シュレスヴィヒ・ホルシュタイン」、小型巡洋艦「エムデン」などで水雷科士官として勤務の後、1913年から海軍参謀長フーゴ・フォン・ポール提督の副官としてベルリンの海軍省にて勤務する。この配置のときに1914年の第一次世界大戦の開戦を迎えるが、当時ロタールは語学研修のため渡英中だったともいわれる。

開戦後にロタールは海軍飛行船部隊へ配属されるが、1914年12月の大尉昇進を経て、翌1915年4月に潜水艦部隊へ転属。オーストリア＝ハンガリー帝国のプーラ軍港にあった潜水学校にて指揮官としての教育を受け、7カ月後の11月18日にU－35の第3代艦長に就任する。

U－35は開戦以来、北海や地中海で戦歴を重ね、すでに29隻もの戦果を挙げていた武勲著しい潜水艦であった。つい9日前にもタイタニック号事件で知られるイギリスの「カリフォルニアン」(※1)を撃沈したばかりで、それほどの艦にいきなり艦長として任命されたのは一体如何なる思惑が働いた結果なのだろう。あるいはドイツ海軍当局が、若きロタールの中に〝海の狼〟としての得難い才能を見出したのかもしれない。

潜水艦の特性を活かした戦術

当時の潜水艦は、後年のそれとは比較にならぬほど性能が低かった。U－35について述べると、潜航排水量878トン、水中速力9・7ノット、最大潜航深度は50ｍ。魚雷発射管を前部に2門、後部に2門持ち、予

※1　タイタニック号の遭難時、わずか19浬の位置にいながら救助に向かわなかったといわれる英貨物船。

備を含む魚雷搭載数はわずか6本のみ。

いまだ実験的要素が強く評価が定まらぬ新兵器であった潜水艦について、ロタールは艦長候補生の誰よりも早くその特性を掴んでいた。すなわち、敵船をじっくりと水中から観察し、隙あらばこれを喰い、獲物を平らげた後は速やかに立ち去ること――まさに現代の海賊たるべく動くことこそが、潜水艦にとって唯一無二の戦い方であることを見抜いたのである。

1917年4月、ロタールの指揮下で地中海を航行中のU-35

最初の戦果は1916年1月17日、地中海中部で撃沈したイギリス商船「サザーランド」。以降、ロタールが指揮するU-35は一度の出撃毎に1～6隻の戦果を着実に挙げていったが、獲物を求めて地中海西部へと足を伸ばすようになると、その撃沈数は驚異的な上昇カーブを描いていく。
圧巻は1916年7月26日から8月20日にかけて行われた第6次哨戒だった。プーラ軍港を発ってオトラント海峡を通過、地中海を西へと横断してスペイン・カルタヘナ沖でターンするというこの約1カ月間の航海において、U-35は実に撃沈54隻、約9万総トンという膨大な記録を打ち立てる。
予備を含め6本しか魚雷を持たない潜水艦で、彼はいかにして54隻もの戦果を挙げることができたのか?
ロタールが主に採った戦術は、浮上砲撃であった。水中から敵船を観察し、それが仮装砲艦でないこと、そして周囲に護衛艦艇がいないことを確認して浮上。無電と発光信号で停船を命じて乗組

U-35に雷撃された英国商船「メープルウッド」。砲撃を多用したロタールだったが、この時は雷撃している。1917年4月7日、サルデーニャ島スペローネ岬の南西87㎞地点

員を退船させ、甲板上に装備された8・8㎝砲で水線付近を撃ち抜き浸水沈没させるのだ。

後に、ロタールはコメントを残している。

「航海は、非常に単調で退屈な日々だった。我々は敵の船に警告を放って停船させ、乗組員を救命ボートに移乗させる。船内に残された書類を調査し、乗組員に最寄りの港の方角と距離を示してから、船を沈める。ただ、ひたすらそれを繰り返す日々だった」

当時の状況もまた、彼の大戦果を後押しした。潜水艦による通商破壊の効果についてまだ評価が定まっておらず、故にほとんどの輸送船は護衛を伴うことなく、また船団を組むことも無しに単独で航海を続けていたのだ。

さらに、ルシタニア号事件（※2）によってアメリカの対独世論が爆発寸前の状況になったことを受け、ドイツ海軍は1915年9月から1917年2月まで無制限潜水艦作戦を一時中断し、攻撃前には必ず敵船へ警告を発するよう全潜水艦へ通達していた。

これは事実上、敵船の近くへ浮上する危険を強いるものであったが、一方で安全な状況においては、魚雷だけでなく甲板砲による砲撃や爆薬の設置などあらゆる攻撃法を選択でき、結果

※2　豪華客船「ルシタニア」号が潜水艦U-20の魚雷攻撃を受け、アメリカ市民128名を含めた1,198名が溺死した事件。

的に魚雷搭載数以上の敵船を攻撃する機会に恵まれた（※3）のである。

第一次大戦においてロタールが挙げた戦果の総計は、計15回の出撃で撃沈194隻（45万3716トン）、撃破7隻（3万4312トン）。一説には、この数字は第一次大戦において連合国側が被った船舶総損失の3・08％に相当するという。ただ一人の潜水艦長が達成した数字としては間違いなく史上最大の戦果であり、恐らくは今後も破られることのない不倒の大記録といえるだろう。

退役後、第二次大戦で海軍に復職

第一次大戦中の戦功により最高位のプール・ル・メリット勲章を得ていたロタールは、戦後のドイツ共和国海軍でも籍を得て、1922年4月には少佐に昇進。戦艦「ハノーファー」「エルザス」の航海士官を歴任した後、1928年からの約2年間を軽巡洋艦「エムデン」艦長として務め上げた。

1931年、大佐を最終階級として海軍を早期退役したロタールは、潜水艦長時代の体験や戦訓を記した回顧録を執筆する傍ら、各国の海軍関係者に招かれて講演活動も行っている。1932年から1938年には、トルコ海軍大学において講師を務めた。

第二次世界大戦の勃発により海軍へ呼び戻されたロタールは、ポーランド戦中にはダンツィヒ及びポーランド回廊地域の海軍全権代表に、そして1940年5月から始まった西方侵攻ではベルギー・オランダ方面海軍司令官を務める。

1940年6月からブルターニュ海軍総司令官、次いで西フランス海軍総司令官となっていたロタールは、1941年2月に海軍中将へ昇進すると共に黒海およびバルカン半島方面の海軍総司令官への就任が決定。しかし2月24日、新任地へ向かうために搭乗した飛行機がパリ郊外ル・ブルジェ空港において墜落し、ロタールは波乱に満ちた54年の生涯を閉じたのであった。

※3 ロタールが艦長時代に発射した魚雷は74本（命中39本）であり、その他は全て甲板砲や爆薬によって得られた戦果であった。

戦場の流れを読む洞察力、勝機を捉え逃さない決断力と行動力、教官としての能力

抗命すら辞さない戦略眼をもつ武装親衛隊の育ての親

パウル・ハウサーSS上級大将　ドイツ武装親衛隊

ドイツ武装親衛隊の創設と育成に尽力したパウル・ハウサーSS上級大将。ヒトラーの死守命令を無視して撤退を指示した際の言葉は、戦史に残る名言とされている

総統令に抗ってからの鮮やかな反撃

1943年2月。パウル・ハウサーSS大将率いるSS装甲軍団は、ハリコフにおいて包囲殲滅の危機に瀕していた。

スターリングラードのドイツ第6軍が崩壊して以降、ロストフ回廊を巡る攻防戦のなかでドイツ軍の兵力は危険なまでに減少していた。戦線を支えるべき歩兵の数が絶対的に足りず、本来なら攻勢用の兵力である装甲部隊を張り付けて、何とか戦線を維持しているに過ぎなかったのだ。

この危機に、南方軍集団司令官のエーリッヒ・フォン・マンシュタイン元帥はドネツ地域で流動的な防御戦をとることを提案。しかしこの提案はヒトラーによって却下され、逆に現地点の死守を命じられてしまう。

1月28日。ソ連軍の「星(ズヴェズダ)」「速駆け(ズカチョク)」と名付けられた二つの攻勢作戦が開始されるや、マンシュタインの杞憂は現実のものとなった。瞬く間に戦線を突破したソ連軍は実に160kmもの長駆進撃を成功させ、2週間後にはハリコフを窺う位置にまで進出してきたのである。

このままではハリコフを守備するSS装甲軍団は包囲され、3個SS師団計5万8000名は雪原の中で空しく消滅してしまう。2月15日、ハウサーは総統令を無視し、麾下の全部隊に対して後方への撤退を指令する。

「しかし閣下、総統のご命令によれば……」

「私のような老人にはそれで構わん。だが、外にいる若者達にそれを強いることはできぬ。ただちに私の命令を軍団に通達したまえ」

総統令を無視して後方へ後退したハウサーは、その間に指揮の自由裁量権を得たマンシュタインの計画通り、まずはSS装甲擲弾兵師団「LAH(ライプシュタンダルテ・アドルフ・ヒトラー)」、「トーテンコップフ（髑髏）」の両SS師団を南へと振り向け、第1装甲軍、第4装甲軍と協同して燃料不足で進撃が停滞しているソ連南西方面軍を攻め立てた。

3月6日、南翼のソ連軍を押し戻したドイツ軍は、返す刀でハリコフ奪回戦を開始。その先頭に立つのは、それまで防御に徹していたSS装甲擲弾兵師団「ダス・ライヒ」を吸収して再び3個師団編制に戻ったハウサーのSS装甲軍団である。

ハウサーはハリコフ南方で包囲したソ連第3戦車軍に「トーテンコップフ」を充てて掃討戦を行わせる一方、「LAH」「ダス・ライヒ」をもって南北からハリコフを挟撃する。その機動力を活かして市内各所の交差点を押さえ、連絡もままならず混乱するソ連軍を各個に撃破していった。

ハリコフ放棄からわずか1カ月後の、鮮やかな奪還劇であった。

独断でハリコフから撤退したハウサーに対して当初は激怒していたヒトラーだったが、この見事な指揮には舌を巻かざるを得なかった。後にハウサーは、総統手ずから柏葉騎士十字章を与えられることになる。

戦史において「マンシュタインの後ろ手からの一撃（バックハンドブロウ）」と名高い第三次ハリコフ攻防戦。その陰には、ハウサーの類い稀なる指揮能力もまた大きな成因としてあったことは間違いない。

武装SS創設最大の功労者

第一次大戦ではドイツ第6軍司令部参謀、第38歩兵連隊の中隊長などを務め、主に西部戦線で戦ったパウル・ハウサー。

筋金入りの陸軍将校として数々の戦功を挙げた彼が、どうしてナチ党の尖兵たる武装親衛隊の創設と発展に関わることになったのか。それは1933年2月、陸軍中将としてワイマール共和国軍を退役した彼が、退役軍人による右翼団体「鉄兜団（シュタールヘルム・ブント）」に入会したことが発端だった。

１９３３年３月にナチ党がドイツの政権を握ると、鉄兜団はナチ党の私兵組織・突撃隊（ＳＡ）へと強制的に吸収されることとなり、本人の政治信条は別として、ハウサーもまたＳＡ旗隊長（大佐）としてＳＡ隊員となる。

だが、同年6月に「長いナイフの夜」として知られるＳＡ幹部の粛清が起こると、ハウサーはかつての戦友の誘いを受けて、親衛隊（ＳＳ）全国指導者ハインリヒ・ヒムラーと出会う。

ヒムラーがどれほどハウサーのような軍人を熱望していたか。それはハウサーが１９３４年11月にＳＳへ移籍した時点でもなお、ハウサー自身はナチ党に入党していなかったことを見ても明らかだ。当時ヒムラーはＳＳ内に独自の武装組織を持つことを望んでおり、その教育役となるべき実戦経験が豊富な将校を求めていたのである。

左手前から順にハインリヒ・ヒムラー、アドルフ・ヒトラー、パウル・ハウサー。親衛隊内に独自の武装組織を持つことを望んでいたヒムラーにとって、ハウサーは不可欠な人材だった

ブラウンシュヴァイクＳＳ士官学校の創設と運営を委任されたハウサーは、その校長として初期の武装ＳＳを支える多くの人材を送り出した。また武装ＳＳの前身であるＳＳ特務部隊は彼が中心となって編成され、１９３６年11月にはＳＳ特務部隊総監へ就任。まさに武装ＳＳは、ハウサーの経験と知見のもとに生み育てられた組織と言っても過言ではない。

第二次大戦が始まると、ハウサーと彼が鍛えた兵士達はポーランド、フランス、そしてバルカン半島へと次々に投入された。その間にＳＳ特務部隊は正式に武装ＳＳと命名され、その規模も連隊から師団編制へと徐々に拡大していく。当初はその能力に疑問が持たれていた武装ＳＳも、戦歴を重ねるとともに精強さが認められていった。

１９４１年6月に開始された独ソ戦では、ハウサーのＳＳ師団「ライヒ（後にダス・ライヒと改称）」はハインツ・グデーリアンの第2装甲集団の一員として各地を転戦。しかしモスクワ前面のボロディノ高地で迫撃砲弾が司令部を直撃、破片によって右目を失明したハウサーは、その後1年間の戦線離脱を余儀なくされてしまう。

彼が眼帯の将軍として戦線に復帰したのは、第三次ハリコフ戦直前の１９４３年2月。ハウサーに与えられたのは、古巣の「ダス・ライヒ」に加えて「ＬＡＨ」「トーテンコップフ」の3個ＳＳ装甲擲弾兵師団を擁するＳＳ装甲軍団である。

ＳＳ特別行動隊の名の下にわずか１２０名の小規模な部隊として誕生し、ハウサーが手塩にかけて育て上げた武装ＳＳは、この時までに総兵力25万名を擁するドイツ第四の軍隊として大きな成長を遂げていた。

大戦後半の苦戦と戦後の活動

第三次ハリコフ攻防戦、そしてクルスクの戦いを経たハウサーは、戦線の火消し役としてイタリア、フランス、そしてロシアと各地を転戦する。

１９４４年3月、カメネツ＝ポドリスキーで包囲されたハンス・フーベ大将の第1装甲軍を救出すべく、新編された第2ＳＳ装甲軍団を率いてソ連軍を攻撃。第1装甲軍の脱出に呼応して行われたこの攻勢により、20万の友軍を救出することに成功する。

同年6月、北フランスでの戦いの渦中で第7軍司令官フリードリヒ・ドルマン大将が戦死すると、ハウサーはその後任として第7軍司令官に着任。武装ＳＳの将官が軍司令官まで登り詰めるのはこれが初めてであり、当時のヒトラーがいかに国防軍に不審を抱いていたかが如実に判る人事であった。

だがハウサーの能力をもってしても、連合軍の圧倒的な制空権下では如何ともしがたかった。何とか戦線を維持し続けるも、連合軍の「コブラ」作戦でコタンタン半島基部が突破されてノルマンディー戦線は崩壊。これに対抗するため「リュティヒ」作戦を計画するハウサーだったが、その攻撃は連合軍の絨毯（じゅうたん）爆撃によって阻まれ、逆に連合軍の「トータライズ」作戦でファレーズ一帯へ封じ込められてしまう。

ファレーズ包囲陣からかろうじて脱出したハウサーだったが、その際に重傷を負った彼は再び前線離脱となり、1945年1月にG軍集団司令官として復帰した際にはもはやドイツの敗戦は決定的となっていた。

ドイツ南部で後退戦を指揮したハウサーは、ヒトラーとの口論からG軍集団司令官を解任され、南西総軍司令部附の閑職に追いやられる。しかしヒトラー自殺後は先頭に立って武装SSの武装解除を進め、その後アメリカ軍に降伏した。

戦後、武装SS隊員の名誉回復に尽力したハウサーは『武装SSは他の兵士達と全く同じ』と題する回想録を上梓。この中で彼は、武装SSは他の親衛隊組織とは異なる純粋な軍事組織であり、またその隊員は非常に多国籍で、現在のNATO軍の先駆けともいえると主張している。

1972年12月21日、ルートヴィヒスブルクにて死去。享年92。その遺骸はミュンヘン郊外の森林墓地に葬られている。

武装SS隊員に話しかけるハウサー。第二次大戦の半ば頃には、ハウサーが育て上げた武装SSは兵力と質の面でドイツ第四の軍隊といえるほど強大な存在となっていた

鋭い観察眼、優れた語学力、大胆な行動力、情報の収集と分析能力

ヒトラー暗殺を企図した
面従腹背のスパイマスター

ヴィルヘルム・カナリス 大将

ドイツ海軍

第二次大戦中は国防軍諜報機関のトップとしてドイツ軍の作戦を陰から支えながら、水面下ではヒトラー暗殺などの反ナチス工作を進めた、ヴィルヘルム・カナリス大将

アプヴェーアの成り立ちと親衛隊との対立

ドイツ国防軍情報部（アプヴェーア）は、第二次大戦におけるドイツ国内外の諜報活動および防諜を担当した情報機関である。

その起源は、1866年にプロイセン公国が陸軍参謀本部内に設立した中央情報局とされる。その後の普墺戦争を経て、中央情報局は「防諜」を意味するアプヴェーアへと呼称が変更。第一次大戦では訓練学校をも有する一大諜報機関として成長を遂げた。

第一次大戦後は一時的に活動を休止したが、1921年のワイマール共和国成立と共に活動を再開。当初は軍用機の情報を公式刊行物から洗い出す活動を行っていたが、1928年にドイツ海軍情報部がアプヴェーアに統合されると活動範囲が拡大し、陸海空のあらゆる情報を収集する巨大情報機関として機能することとなる。

だが、ナチ党が1933年に政権を握って以降、アプヴェーアを取り巻く状況は混迷の度を深めていく。ナチ党の私兵組織である親衛隊の内部には独自の情報機関である親衛隊情報部（SD）が存在し、これが親衛隊の権力拡大と共に肥大化。国家機関として国内外で行動を開始するに及んで、アプヴェーアと激しく対立し始めたのである。

時のアプヴェーアの長であるコンラート・パッツィヒ海軍大佐は職業軍人としての立場を弁（わきま）えた人物であり、それ故に親衛隊とSDの台頭を快く思ってはいなかった。ともすればアプヴェーアを吸収しようと目論む親衛隊に対してパッツィヒは抵抗し続け、親衛隊指導者ハインリヒ・ヒムラーやSD局長ラインハルト・ハイドリヒとの確執が徐々に表面化していく。

1935年1月。さらなるアプヴェーアとSDの暗闘を恐れたエーリッヒ・レーダー海軍総司令官は、パツツィヒをポケット戦艦「アドミラル・グラーフ・シュペー」艦長へと異動させた。引き継ぎの日、パッツィヒは後任者を執務室に迎え、これまでの親衛隊によるアプヴェーア吸収の動きを詳細に伝達した。

「私が見たところ、貴官は今この組織がどのような混乱状態にあるのかを今だに悟っていないように見受けられる。気の毒に思うよ」

男は、口元を皮肉げに歪めながら答えた。

「小官は、ハイドリヒや親衛隊の連中と上手くやっていく方法を知っていると思う」

あるいはこのとき既に、彼は自らが辿る苦難の道程とその結末を予見していたのかもしれない。パッツィヒは彼の答えに満足し、笑って執務室を退出したと伝えられている。

パッツィヒに代わってアプヴェーアを率いることになった男の名は、ヴィルヘルム・カナリス。後に第二次大戦における国防軍の活動を裏で支えながらも、反ナチスグループ「黒いオーケストラ」の一員としてヒトラー打倒に立ち上がる男である。

海軍情報士官カナリスの軍歴

1905年に海軍士官学校に入校した当時のカナリス

ヴィルヘルム・カナリスは1887年1月1日、ヴェストファーレン州ドルトムント近郊に生まれた。

1905年4月、カナリスは陸軍入隊を希望する家族の反対を押し切って、ドイツ帝国海軍士官学校に入校。常に成績は上位だったが、この間に出会った全ての人々を観察して克明に日記に残すという奇行で知られている。この頃から既に、彼はスパイマスターとして重要な観察眼を身につけていたといえるだろう。

1913年9月、防護巡洋艦「ドレスデン」の艦長副官に着任。ほどなく第一次大戦が勃発し、東洋艦隊の一艦として中国・青島（チンタオ）にいた「ドレスデン」は本国帰還のため他艦と共に太平洋を横断し、南米ホーン岬から大西洋に入った。

だが、フォークランド諸島においてイギリス艦隊に捕捉され、「ドレスデン」を残して艦隊は全滅。中立国チリに逃れた「ドレスデン」も脱出路を英艦隊に抑えられ、やむなく自沈を決断する。自沈の時間を稼ぐため英艦隊に派遣されて交渉を行ったのは、語学に優れたカナリスであった。

チリ当局に拘束された「ドレスデン」乗員は、バルパライソ近くのキリクイナ島に抑留された。警戒の緩い収容所からは毎日のように集団脱走が行われたが、カナリスは単独で小船を奪って脱出に成功。チリ人に成りすましてアンデス山脈を越え、ブエノスアイレスから偽造旅券でオランダのロッテルダムに上陸、1915年10月にハンブルクへと帰還を果たす。

遥か南米から帰還したカナリスは、英雄として歓待を受けた。一級鉄十字章をヴィルヘルム皇帝手ずから与えられたカナリスは、脱出行で見せた緻密さを買われて海軍情報部に配属される。スペイン・マドリードのドイツ大使館を拠点に、各国の軍事情報を収集するのが主な任務であった。

情報士官としてのカナリスの経歴は、この時から始まった。南米脱出時に使った「リード・ロサス」あるいは「キーカ」という変名を使い分け、スペインやスイス＝イタリア国境で多くの諜報作戦に参加している。また、この頃のカナリスは著名な二重スパイ、マタ・ハリ（※）とも愛人関係にあったという。

終戦前の2年間をUボート艦長として勤務したカナリスは、大戦後の政治混乱期には反共主義の立場から義勇軍（フライコール）に参加。この時期の義勇軍の活動では、カナリスが得た情報が大いに活かされている。

ワイマール共和国軍では情報参謀としての職務を転々としつつ、1923年には小型巡洋艦「ベルリン」艦長に就任。この時、海軍に入隊したばかりのハイドリヒを引き立てて交友を持ったことが、後の情報部長抜擢に向けた伏線となるのだ。

※　第一次大戦中にフランスで活動した女性スパイ。ダンサーや娼婦として独仏両軍と通じていたとされ、1917年にフランスで処刑された。本名はマルガレータ・ヘールトロイダ・ツェレ。

1934年、ヒトラー政権下でカナリスは戦艦「シュレジエン」艦長に就任したが、そのわずか1年後、更迭されたパッツィヒに代わって国防軍情報部長に着任する。そしてこの時から、ヒトラーとナチ党に対するカナリスの暗闘が静かに幕を開けたのである。

水面下でナチス政権打倒を画策

義勇軍として共産主義者と戦い、ヒトラー政権樹立に歓喜したカナリスが、なぜ反ヒトラーに転じたのか。その理由は現在も不明な部分が多い。それはカナリス自身が、自らの足跡を慎重に消し去ってきたからだ。例えば、彼がいつから「黒いオーケストラ」と関わりを持ち始めたのか判らず、それどころか黒いオーケストラの中心的人物と目されながらも、1944年7月のクーデター後に樹立されるはずだった新政府の閣僚名簿に彼の名は記されていない。

カナリスがナチス体制を嫌悪していたことは間違いない。情報部長就任後、彼はアプヴェーアの組織を再編して周囲を非ナチ党員で固めたが、一方で国内防諜を担当するⅢ課長には熱狂的なナチ党員であるルドルフ・バムラーを充て、親衛隊の目を逸らす工作を行っている。

冷酷無比な親衛隊幹部として知られるラインハルト・ハイドリヒ。かつてカナリスとは親密な間柄だったが、国防軍と親衛隊それぞれの諜報機関の長となってからの二人の関係は常に緊張をはらんだものだった

また、ハイドリヒとの関係もすっかり冷え切っていたが、表面的には家族ぐるみで音楽会や乗馬会を行うなど親密な付き合いを演じていた。

ただ、カナリスはナチス体制こそ嫌悪していたが、当初はヒトラー個人に対して献身的な忠誠を示していた。それが何故ヒトラー暗殺未遂に繋がったのか、ひとつの傍証が存在する。

1939年、アプヴェーアの入手した情報をもとに行われたポーランド進攻は、29日間という短期間でドイツの勝利に終わった。ところがその後、占領地に入った親衛隊はポーランド上流階級や聖職者を大量に拘束し、その多くを虐殺する。事実を知ったカナリスは総統本営で陸軍参謀総長ヴィルヘルム・カイテルに詰め寄った。

「カイテル将軍、親衛隊によるこのような行為を黙認すれば、我がドイツ国防軍は世界中から大非難に晒されますぞ！」

「この処置は総統自らが決定されたことだ。私が貴官ならば、そのようなことに混乱はしない！」

カイテルの言葉にカナリスは呆然自失し、ヒトラーが挨拶してもまともに受け答えできなかったという。この一件以降、カナリスとアプヴェーアは各国の軍事情報を収集しつつ、極秘にヒトラーとナチス政権打倒に向けた特殊工作を進めていった。

1944年、長年にわたりSDが蓄積してきたアプヴェーアの反国家活動の記録を報告されたヒトラーは、カナリスの即時解任とアプヴェーアの廃止を指令した。アプヴェーアは親衛隊に吸収される形で消滅し、カナリスはその後のヒトラー暗殺未遂事件に連座したとして逮捕された。

1945年4月9日。敗戦間際になって反逆分子の即時処刑命令がヒトラーより下され、フロッセンビュルク強制収容所において絞首刑に処される。58歳の死であった。

1944年の逮捕後、反逆罪の裁判を受けるカナリス（中央）

軍人として優れた点
大局を見据えた戦略眼、防御戦を指揮する能力

イタリア戦線の防御戦を指揮したドイツ空軍の〝微笑みの将軍〟

アルベルト・ケッセルリンク 元帥

ドイツ空軍

イタリア戦での指揮が高く評価されたケッセルリンク。連合軍からは「微笑みのアルベルト」、部下には「アルベルトおじさん」とあだ名され、ナチス信奉者ではないが終始ヒトラーの信任を得た数少ない空軍将官でもあった

ロンメル案とは真逆のイタリア防衛方針

1943年9月30日。ヒトラーは総統本営(ヴォルフスシャンツェ)にB軍集団司令官エルヴィン・ロンメル元帥と南方総軍司令官アルベルト・ケッセルリンク空軍元帥を召致した。

この年の7月24日、ムッソリーニが失脚しバドリオ新政権が発足していたイタリアだったが、9月3日にはシチリア島を制圧した連合軍が南イタリアへと上陸を開始。8日、イタリアの休戦が宣言されるとドイツ軍は直ちに半島全土を占領の上で、イタリア軍の武装解除に踏み切った。イタリア防衛を担当するケッセルリンク率いる南方総軍は、ローマ南東に半島を横断する陣地線を構築しつつ、その防衛準備が整うまで抗戦と後退を繰り返す持久戦を繰り広げていた。

しかし北アフリカ戦で連合軍の物量戦術に接していたロンメルは、未だ防衛体制が整わぬ南イタリアを放棄して北部のアペニン山脈まで後退し、同地を固守することを提案。これにヒトラーが賛意を示したため、ケッセルリンクを交えて今後の防衛戦略を一本化するための討議が諮(はか)られたのである。

ケッセルリンクは、ロンメルの案に真っ向から反対した。イタリア半島の航空基地が稼働状態となれば南ドイツの各都市が直接空襲に晒され、今後の戦争遂行上重大な危機となることが予想される。また南イタリアが早期に敵手に渡ることで連合軍はギリシャ方面への攻勢を本格化し、ひいてはソ連軍の重圧にかろうじて耐え続けている東部戦線が一気に崩壊する恐れがある、と。

一方で、イタリア半島の複雑な地形は防衛側に極めて有利であり、そして半島特有の縦深を生かした持久戦を続けることで、連合軍に多大な出血を強いることができると説いた。

ヒトラーは、ケッセルリンクの理を持った説得に同意した。そしてB軍集団から2個師団を南方総軍に抽出すると共に、戦略的後退を含めたあらゆる手段をもってイタリアを防衛することをケッセルリンクに命じる。

折しも南イタリアから進撃を開始していた連合軍であったが、ドイツ軍が北部まで後退して持久に入るという敵情報告によって、さほど苦労なくローマに入城できるだろうという楽観論が大勢を占めていた。だが、やがて彼らはケッセルリンクが構築した大陣地帯に遭遇、その突破に約8カ月もの時間と、実に2万もの人命を浪費することとなる。

第一次大戦で地上防御戦の教訓を得る

第二次大戦の開戦を第1航空艦隊司令官として迎えたケッセルリンクは、その後メヘレン事件(※)で罷免された前任者に代わって第2航空艦隊司令官に転任。西方戦役では低地諸国攻略を目指すB軍集団の作戦を空から支援した。

1940年7月からのバトル・オブ・ブリテン、そして1941年6月のバルバロッサ作戦と、彼の第2航空艦隊はドイツ軍の主力航空部隊として各地で奮戦。1941年10月、ケッセルリンクは地中海戦域のドイツ軍全般をその指揮下に置く南方総軍司令官を兼務することとなり、北アフリカの戦いを空から支え続けた。その約1年半後に迎えたのが、シチリア攻防戦とイタリア本土戦である。

ケッセルリンクの第二次大戦における経歴を見ると、ここに至るまで彼は地上戦の主だった指揮を執ってはいない。後年「防御戦の達人」と称されることになる彼の地上戦の才は、如何に培われたものなのか。

1885年、マルクトシュテフトの教師の家に生まれたケッセルリンクは、1904年にプロイセン陸軍に入隊し、翌年には第2バイエルン徒歩砲兵連隊に配属。士官学校を経て少尉に任官したケッセルリンクは、同隊で第一次大戦を迎える。

1917年4月に始まったアラスの戦いで、彼はイギリス軍の動向を見抜いて適切に部下を配置し、その進撃を遅滞させることに成功する。

※　1940年1月10日、ドイツ軍連絡将校の乗機が事故でベルギーに不時着し、ドイツ軍による西方進攻作戦の計画文書が漏洩した事件。第2航空艦隊司令官ヘルムート・フェルミー大将が責任をとるかたちで罷免された。

この戦いで彼が得た経験は大きかった。いかに強大な砲爆撃下においても、入念に構築された陣地に籠もっている限り損耗は最小限に抑えられること。敵の攻勢にあっては早い段階でその攻撃方向を見抜き、適切に味方を配置すれば寡兵でも防ぎ得ること。いずれも後のイタリア戦で彼が実践した教訓である。

連合軍の進撃を阻む幾重もの防衛陣地線

1943年10月9日、連合軍は第一の防衛線ヴィクトール・ラインに到達した。ヴォルトゥルノ川沿いに築かれたドイツ軍陣地からの砲火に一時攻撃は停滞するも、14日には対岸に橋頭堡を築いて突破に成功する。

イタリア戦線で戦う兵士たちを労うケッセルリンク(右)。彼は元々は陸軍の砲兵士官だったが戦間期に空軍へ移籍し、50歳近い年齢で飛行機の操縦技術も習得している

だが、これは続くバルバラ・ライン、ベルンハルト・ライン、そしてグスタフ・ラインを構築する時間を稼ぎ、その堅固な要塞線へ連合軍を誘い込む罠だった。ケッセルリンクは十分な時間を稼いだ後、ヴィクトール・ラインを守る第10軍に後方へ退くよう指令を発していたのである。

山間部を縫うように走る細い山道、その要所に築かれた野戦陣地の前に連合軍の損害は累積していった。地上から接近すれば細道に部隊が伸びきり、そして地雷でしばしば前進が停止する。そこに襲いくるドイツ軍の正確な銃砲撃に、兵士は敵の姿も見ぬまま斜面を転げ落ちていく。航空支援を頼もうにも、険しい山間部ゆえにまともな爆撃針路がとれない——。

11月5日、何とかバルバラ・ラインを突破して要衝ミニャーノ渓谷へと突入した連合軍だったが、そこにも第三の防衛線ベルンハルト・ラインが待ち受けている。驚くべきはバルバラ・ライン、ベルンハルト・ラインの二つの防衛線もまた、本命のグスタフ・ラインを築くための遅滞防御陣地とケッセルリンクが位置付けていた事だろう。連合軍の損害は、もはや看過できぬレベルにまで増大していた。

ローマ放棄とさらに続く防衛戦

膨大な損害を出しながらベルンハルト・ラインを越え、いよいよグスタフ・ラインの要地カッシーノ山に取り付いていた1944年1月22日。連合軍は難戦が続くグスタフ・ラインを背後から脅かすため、ジョン・ルーカス中将率いる米第6軍団をアンツィオに上陸させた。

上陸した敵が直ちに進撃を開始したならば、それを食い止めることは難しく、防衛体制が根底から覆されてしまう。ケッセルリンクは部隊を急派したが、ルーカス中将の消極的な指揮によって上陸軍は海岸堡の強化に終始しており、ドイツ軍はアンツィオ包囲陣を築いてその封じ込めに成功。上陸軍が包囲環を越え、ローマへの進撃を開始するのはそれから実に4カ月後のことである。

背後から敵防衛線を脅かす策も不発に終わり、度重なる攻勢も撃退され続けていた連合軍に残された手は、損害を無視した力押ししかなかった。5月11日、兵力をかき集めた連合軍は、野砲1600門による猛烈な支援砲撃のもとで攻撃を開始、ついにグスタフ・ライン突破に成功する。

ケッセルリンクは諦めなかった。ローマ前面に急造したカエサル・ラインで敵を食い止めつつ、主力はローマを放棄して北方のアペニン山脈に後退。そこに防衛線を築いて連合軍のそれ以上の北進を阻止したのだ。死に物狂いでグスタフ・ラインを越え6月5日にローマ入城を果たした連合軍だったが、またもケッセルリンクの巧みな遅滞戦闘の前に苦戦を余儀なくされる。

6月17日、次の防衛線ヴィテルボ・ラインの攻防戦が開始。さらにトラメジーノ・ライン、アルノ・ラインの二つの防衛線を突破した8月末、連合軍の前に立ち塞がっていたのは、それまでの戦闘で稼いだ時間と資材をふんだんに使って強化された主郭ゴシック・ラインだったのである。

もはや連合軍に、それ以上前進する力は残されていなかった。10月初頭、何とかゴシック・ラインの一部を突破しパダーナ平原への進出を果たすも、秋の長雨と泥濘が行動を阻む。ケッセルリンクは、ついに連合軍の侵攻を押し止めることに成功したのである。

10月末、パダーナ戦線を視察中だったケッセルリンクは頭部を負傷し、彼のイタリアでの活躍も終わりを迎えた。しかし知将が去った後もドイツ南方総軍は敢闘を続け、連合軍の軍門に下ったのはベルリン陥落の6日前、1945年5月2日のことである。

戦後、軍事裁判の法廷に立ったケッセルリンクは、チヴィテッラ村虐殺事件の責により死刑が宣告されるも、その後懲役21年に減刑された。1952年に健康上の理由で釈放され、その8年後に78歳で死去。墓所はバイエルン州ミッテンバルトにある。

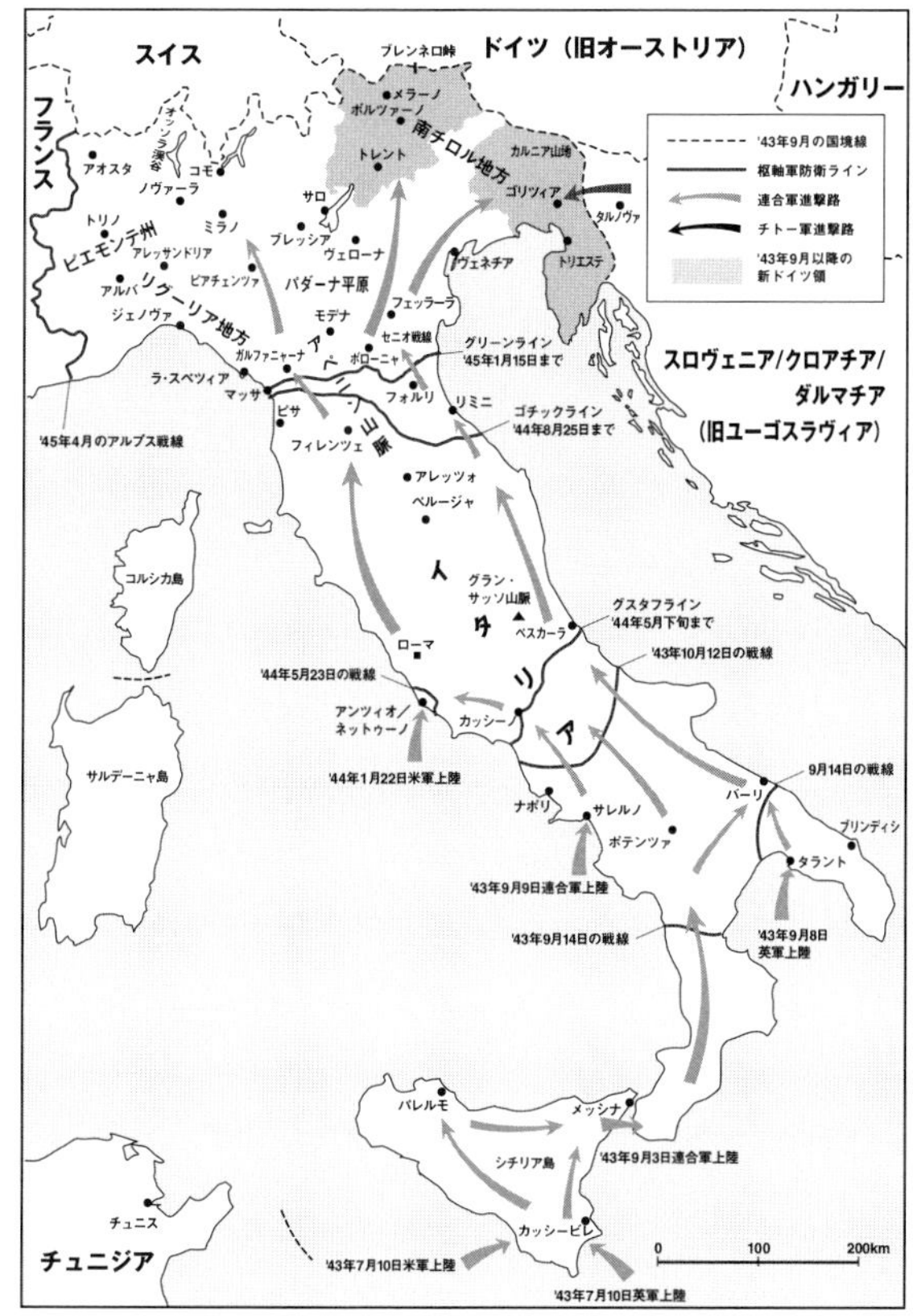

イタリア戦線の概略図　　地図作成／吉川和篤

第四章●イギリス連邦軍の軍人

軍人として優れた点
戦闘機パイロットとしての能力、弛まぬ努力をする姿勢、指揮統率能力

一度は戦史の陰に埋もれかけた
イギリス空軍のトップエース

マーマデューク・パトル 少佐

イギリス空軍

第二次大戦の英空軍で最多撃墜のエースと見られているマーマデューク・パトル少佐。50機以上とも言われるその戦果は1940年8月から41年4月の戦死まで、わずか9カ月間に成し遂げられたものだった

初陣で撃墜、被撃墜の両方を経験

現在、イギリス空軍における最高の撃墜王(エース)とされている、マーマデューク・トーマス・セントジョン・パトル。

しかし、彼の名が一般に広く知られるようになるのは、第二次大戦の終結から時を経た1960年代以降のことであり、それまでパトルは歴史の陰に埋もれた多くの無名戦士の一人でしかなかったのである。

1914年7月3日、南アフリカ・パタワース生まれ。パトル家は代々陸軍軍人を出した名家で、父ジャックはボーア戦争に従軍、その後は弁護士や警察官などの職を渡り歩いた後、この地方都市で小さな農場を開いていた。

実家のトラクターや自動車などを分解整備してみせるなど、機械に対して並々ならぬ興味をもっていたパトル少年だったが、ハイスクール卒業後は世界不況の波に流されて無職に。しかし、たまたま街を訪れていた連絡飛行機で同乗飛行を経験したことが元で、飛行士となる道を志す。

南ア空軍に志願するも不採用となり、金鉱山で働きながら民間防衛隊に入隊。空への憧れを持ちながら日々を送っていた1936年、イギリス空軍の大拡張計画を背景としたパイロット募集の報がパトルのもとにもたらされる。職を辞してイギリス行きの船に飛び乗り、他の多くの植民地出身の若者達と共に試験を受けたパトルは、難関を勝ち抜きパイロット候補生に合格する。

1937年、戦闘機搭乗員として訓練校を卒業したパトルは、グロスターグラディエイターを装備する新設の第80飛行隊に配属された。

エジプトに移動して猛訓練に励んでいた1939年9月、第二次世界大戦が勃発。その後の半年間は比較的平穏に過ぎた北アフリカ方面だったが、ドイツ軍のフランス占領をみたイタリアが1940年6月10日に参戦。同月19日には最初の空戦がエジプト=リビア国境上空で発生する。

パトルの初陣は8月10日だった。この日初撃墜を記録したパトルだったが、機関銃の故障により戦場を離脱して帰還する途上、別の敵編隊の奇襲を受けて砂漠に不時着する憂き目に遭う。なお、この時パトルを撃墜したのは、後にイタリア空軍最高のエースとなるフランコ・ルッキーニとみられている。

イギリス空軍屈指の戦闘機乗りに

苦杯を舐めた初陣でパトルが得た教訓は貴重だった。戦闘にあたっては蛮勇を戒め、慎重かつ細心を心がけること。乗機は念入りに整備を施し、出撃前には各部を徹底的にチェックすること。

空戦に必要な身体能力の鍛錬も怠りなかった。毎朝の体操やジョギングに加えて、従兵が至近距離から投げつけてくる棒を瞬間的に空中で掴み取るという、反射神経の訓練も行うようになった。

折しも、英本土上空で激しい航空戦が展開されていた頃である。北アフリカに増援を送る余裕はどこにも無く、第80飛行隊は数少ない戦闘機隊の一つとして旧式のグラディエイターを駆って戦い続けた。天性の才能を開花させたパトルもまた順調にスコアを伸ばし続け、やがて『中東一の射撃の名手』という評価を得ることになる。

イタリア軍のエジプト侵攻は、補給の途絶により停止。イギリス軍による反攻作戦「コンパス」の発動直前、今度はイタリア軍がアルバニアを経てギリシャへ来襲したという急報がもたらされる。劣勢著しいギリシャへの梃子(てこ)入れのため、第80飛行隊はその戦場をギリシャ上空へと移した。

パトルも愛機とした複葉戦闘機グロスター グラディエイター。第二次大戦では旧式だったが、同様に旧式機の多かった北アフリカのイタリア空軍相手には善戦した

年が明けて2月、待望のホーカーハリケーンがギリシャに到着。空戦技に円熟味が増したパトルのスコアは、新たな翼も得て一層の羽ばたきをみせていく。3月12日、パトルは少佐に進級すると共に、増援として新たにギリシャ戦線に派遣された第33飛行隊の隊長に任命された。

大空に憧れを抱いた南アフリカ出身の農場主の息子は、今やイギリス空軍でも最高の戦闘機乗りの一人として成長を遂げていたのだ。

名門飛行隊を生まれ変わらせる

第33飛行隊は古くから中東に派遣されていた部隊で、北アフリカ上空での戦いにおいて多くの撃墜王を輩出した名門飛行隊である。新設の第80飛行隊に対して、第33飛行隊は古参のプライドをもってライバル視し、共に戦果を競い合う仲にあった。

そんな中、当の第80飛行隊から新任の隊長を迎えることになった第33飛行隊のパイロット達は、当初パトルを侮りの目で見ていたようだ。

「諸君はエジプトで名を上げた部隊だが、飛行が乱暴過ぎてとても一流とはいえない。編隊を崩さず、規律をもって戦うように。しかし私もハリケーンについては経験が少ないので、ひとつ稽古をつけてくれないか」

パトルの挑発とも受け取れる着任の挨拶に色めきたったパイロット達は、喜んで彼の申し出を受けた。早速その日の午後、飛行隊から選ばれたピン・ニュートン少尉とパトルの間で模擬空戦が行われる。

正面反航の後に格闘戦に入る両機だったが、ニュートンが急旋回を終えたそこにパトル機の姿は無い。目を凝らして周囲を見渡したその刹那、死角からズームアップしてきたパトル機が、後方すぐの位置にぴたりとつけた。言うまでも無く、パトルの完勝である。何度繰り返してもパトルの機体から逃れることができず、ついに降参してしょげ返るニュートンに、パトルは事も無げに言った。

「君の場合はもう少し荒く飛ばしたほうがいい。少々素直すぎる飛び方だね」

その言葉に、第33飛行隊の面々は凍りついた。単に規律を重んじるだけの頭の固い男だと思っていたパトルの『お小言』こそ、実際には凄まじいまでの空戦技に裏打ちされた『戦訓』であることに気付いたのだ。

まさに、パトルが重視していたのは高い技量を持つパイロット達による連携の取れた編隊空戦である事に他ならない。ようやくロッテ戦術の有効性が各国で認められ始めたこの時期に、早くもそれを上回る「集団による連携戦術」こそ重要であると、パトルは日々の激戦の中から導き出していたのである。

その日を境に、第33飛行隊は生まれ変わった。それまでは個人の高い技量に依存した単機空戦を重視していたのが、調律の取れたオーケストラのように緻密な連携をもって戦う飛行隊の姿がそこにはあった。

そして第33飛行隊はギリシャ方面におけるイギリス空軍最強の戦闘機隊として、１９４１年4月末のギリシャ撤退までエーゲ海の大空を飛び続けたのである。

ホーカー ハリケーンMk.Iの前で休息をとる第33飛行隊の面々(パトルは右から6番目)。ハリケーンはグラディエイターに比べればはるかに近代的な機体で、パトルも本機に転換後、加速度的にスコアを伸ばした

喪われたエースとその戦闘記録

「空においては無謀でない程度に積極的でなければならない。敵が不利な状況では必ずイニシアチブを取れ。常に視力と体力の向上に努め、何事かを考える前に自動的に機体を操れるよう手足と目を完璧に同調させよ」

空戦における極意について部下に問われたとき、パトルは常々こう静かに語っていたという。

パトルが指揮を執った第33飛行隊の面々(パトルは右から6番目)。戦闘機パイロットとしてだけでなく、パトルは指揮官としても非凡な才能を発揮している

パトルはギリシャ戦末期の1941年4月20日、ピレウス港上空の迎撃戦で帰らぬ人となった。インフルエンザによる高熱をおして出撃し、危機に陥った部下を救うために単機で敵編隊に突入。猛烈な銃火の中で被弾炎上する彼の機体を、なおも2機のBf110が追従し地面に激突するまで射撃を続けていたという壮絶な最期だった。

パトルの最終的な撃墜数は、今もって定かではない。それはギリシャ撤退の混乱で、第33飛行隊の戦闘記録が彼の個人記録と共に失われてしまったためだ。

ゆえに公認記録トップ(38機)のジョニー・ジョンソンが第二次大戦におけるイギリス空軍トップエースとされてきたが、戦後になって各国の記録が公開されるに及び、検証の結果浮上してきたのがパトルの記録であった。近年、エドガー・ベイカー氏の調査によって撃墜確実50、協同撃墜2、不確実7という数字が導かれ、これが現在の定説となっている。

おそらくはイギリス空軍最高の撃墜王でありながら、長らく歴史の陰に埋もれていたマーマデューク・パトル。彼の最期を目撃した元・第33飛行隊パイロットのジミー・ケットウェル氏は、戦後この隠れた撃墜王についてこう振り返っている。

「あなた方は、パトルがいかに優秀な戦闘機パイロットであるかを語るだろうが、おそらく彼はそれ以上の男だ。彼は優れた指揮官であり、最強のパイロットであり、そして本当の意味での紳士だった。我々はきっと、彼のことをいつまでも忘れることはないと思うよ」

軍人として優れた点

旺盛な研究心、前例にとらわれない発想力、決然たる行動力

輸送船団の守護神となった
対潜戦のエキスパート

フレデリック・ジョン・ウォーカー 大佐 イギリス海軍

1944年1月12日、リヴァプール付近の自宅で撮影されたジョン・ウォーカー。彼は同名のスコッチウイスキーにちなんで「ジョニー・ウォーカー」のあだ名で呼ばれた

大西洋における海上護衛戦の初勝利

１９４１年12月18日未明。大西洋・マデイラ諸島沖合。うっすらと明け始めた空の下、ジブラルタルからイギリスを目指すＨＧ７６船団は、周囲を11隻の護衛艦艇に守られながら粛々と北西へ進んでいる。海況は悪く、いずれの船も逆巻く大波が巨大なハンマーのようにブリッジの窓を叩き続けていた。

船団は3日前からＵボートの襲撃を受け続けている。スペインにいる諜報員からイギリス向け大規模船団編成の情報を得たドイツ海軍司令官カール・デーニッツは、全10隻のＵボートからなる「ゼーロイバー」戦隊を臨時に編成、船団撃滅のため大西洋へ送り込んでいたのだ。

第36護衛群旗艦のスループ「ストーク」の露天艦橋では、群司令にして艦長のフレデリック・ジョン・ウォーカー中佐が、いまだ夜が明けきらぬ海を厳しい目で見つめている。先ほどアズディック（※1）で捉えたＵボートに爆雷攻撃を行った結果、損傷したらしい敵が海面に向けて浮上中との報告を受けていた。

ウォーカーは１８９６年、デヴォン州プリマス生まれ。戦間期には対潜戦術の研究とその習得に努めたが、大佐への昇進試験に失敗し早期退役を待つ身となっていた。

しかし１９３９年の第二次世界大戦の勃発は彼を首の皮一枚で海軍に繋ぎ止め、ドーバー管区司令官バートラム・ラムゼイ中将のもとで参謀長として勤務。その間、ダンケルク撤退作戦「ダイナモ」成功の功績により殊勲章を受章している。

１９４０年10月、第36護衛群司令に着任。ウォーカーは戦間期に対潜戦術を研究していた経験から、襲撃してくる潜水艦に対しては牧羊犬として船団に張り付くよりも、狩猟犬としてより積極的に潜水艦を狩り出す戦術こそ望ましいと確信していた。

※1　音波探信儀（ソナー）のイギリスにおける呼称。

そんな自らの確信を試す最初の機会となったのがHG76船団の護衛任務であり、ウォーカーは全32隻の輸送船団を先行させる一方で護衛部隊はその後方で自由に運動し、追撃してくる敵潜水艦を抑え込みつつ全力で撃滅する新戦術を実行したのである。

前方200ヤードという目前の海面に、突如として黒い影が沸き立った。急浮上をかけたUボートが海面を割って現れたのだ。

「最大戦速、このまま突っ込め！」

ウォーカーの命令に機関が唸りを上げ、「ストーク」は全速力で荒れた海面を驀進(ばくしん)する。このまま体当たりで沈める腹だったが、敵潜はいとも容易く「ストーク」の突進から回避してみせた。当時の潜水艦は速力こそ遅かったものの、こと運動性にかけては水上艦を遙かに上回っていたのである。

ウォーカーは照明弾を打ち上げさせ、次いで全砲門を開いてUボートへ射弾を送り込ませた。しかし、あまりに近距離ゆえ砲弾は敵潜を飛び越し、船体を捉えたものはわずかしかない。そのうち敵が再び潜航する構えを見せた時、彼は覚悟を決めた。

「爆雷調定、信管の調定深度を最浅にセットせよ！」

艦尾からビールの栓が抜かれるような音が連続で響き、海面下へ没しつつある敵潜の至近へ爆雷が次々と放り込まれる。直後に猛烈な爆発、激震に見舞われる「ストーク」の艦上から、乗員たちは中央部で折れ曲がったUボートが海面からイルカのように跳ね上がる光景を、確かに目撃する。

敵潜1隻、撃沈確実。こちらの被害は艦首中破、および艦底部のアズディック格納ドーム損傷――。

この後、5日間にわたってHG76船団はUボートの襲撃を受け続け、護衛空母「オーダシティ」を含む護衛艦艇2隻、輸送船2隻の計4隻を失うこととなる。

だが一方で、ドイツ側もゼーロイバー戦隊全10隻のうち5隻ものUボートを喪失。損害の大きさにおのののいたデーニッツは攻撃中止を命じ、生き残ったUボートをロリアンへ引き上げさせたのだった。

HG76船団の戦いは、連合軍が大西洋上であげた初めての海上護衛戦での勝利となり、そして後に英国海軍最強の対潜部隊指揮官として名を残す男にとって、その伝説の第一歩を刻んだ戦いとなったのである。

海の猟犬となり、多数のUボートを仕留める

本国帰還後、疲弊したウォーカーは第36護衛群を離れて療養の機会を得るが、その間も自ら考案した新戦術を周囲に売り込み続けた。

HG76船団での戦訓から、船団を守る最後の盾として牧羊犬たる護衛部隊はやはり必要だろう。だが、それとは別に船団の支援部隊という位置付けながらその運航からは独立して行動し、積極的にUボートを狩る攻性の対潜部隊を編成すべきだ、と。

攻撃態勢に入った第2支援群の僚艦「ウッドペッカー」を、船上から激励するウォーカーの姿。1944年1月26日から2月25日の間に撮影されたもの

ウォーカーの提案には、イギリス海軍における潜水艦戦の権威マックス・ホートン大将が大いに興味を示した。そして1943年4月、ウォーカーは自身の提案に沿って設立された対潜掃討専門部隊・第2支援群の司令官に着任し、リヴァプールを拠点として激戦区ウェスタンアプローチ（※2）へ6隻のスループを率いて乗り込んでいく。

新戦術の効果は、すぐに表れた。6月2日、U-202を撃沈。6月24日、U-119、U-449の2隻を撃沈。7月にはビスケー湾へ進出し、30日に哨戒機と協同でU-504を、そしてU-461、U-462の2隻の補給潜水艦を撃沈する。

※2 グレートブリテン島とアイルランド島の西方に広がる海域のこと。アメリカからイギリスへ向かう船舶は全てこの海域を通過するため、イギリス国防上の最重要海域とされる。

圧巻は1944年1月末より始まった哨戒任務だった。ウォーカー率いる第2支援群は、遠く大西洋を越えてウェスタンアプローチへ入ってくる輸送船団の間を渡り歩きながら、1月31日にU-592、2月9日にはU-238、U-734、U-762、2月11日にU-424、そして2月19日にはU-264と、ただ一度の哨戒で計6隻もの敵潜を撃沈したのである。

ウォーカーは、HG76船団での苦闘からさらに新戦術を考案していた。敵の伏在海面に対しては3隻が横一線に並んで進入し、同時に複数の爆雷を投下して爆発の飽和状態を作り上げる。もし敵潜がその運動性を活かして左右に逃れようとしても、そこは既に僚艦によってカバーされており、決して爆雷の傘から逃れる事はできないのだ。

ウォーカーと第2支援群は、Uボートの跳梁(ちょうりょう)に喘ぎ続けていたイギリスにとって文字通りの英雄となっていく。いつも帰港の際に艦内でかき鳴らす部隊ソング「A Hunting We Will Go(狩りに出掛けよう)」が水平線から響いてくると、リヴァプールの人々はこぞって波打ち際へ駆け寄り、港へ入ってくる彼らを歓呼の声で出迎えた。

3月には援ソ輸送船団・JW58の護衛として北極海に向かったが、船団指揮官の無理解により、第2支援群も通常の護衛部隊として船団に張り付けられてしまう。船団の前方には数多くのUボートが待ち受けているとの情報があり、まずは船団を守る防壁を厚くしようと考えたのだろう。

だが、そんな状況を知った上級司令部はトップダウンで第2支援群へ自由行動の許可を与えた。ウェスタンアプローチでの比類無き戦果から、彼らの能力は船団から独立して行動させることで最大限の成果が得られると正しく理解していたのである。

ウォーカーはそんな上級司令部へ感謝を示すように2隻のUボートを撃沈し、全47隻の船団を無傷でムルマンスクへと導いたのだった。

英国最強の対潜指揮官、献身の末に海へ還る

まさに最強の対潜指揮官としての名声を不動のものとしたウォーカー。しかし、その名声故にウォーカーと麾下の第2支援群への期待は高く、大西洋を越えて次々と送り込まれてくる輸送船団の支援のため彼らは一日の休暇もなく海上へ立ち続ける。

多忙と緊張を極める日々はウォーカーの精神と肉体を蝕み続け、やがて彼の生命の火を吹き消すことになろうとは一体誰が予想し得ただろうか。

1944年7月7日。「ネプチューン」作戦の一環としてドーバー海峡西部の対潜掃討戦に第2支援群を率いて参加していたウォーカーは、その帰路に艦橋で激しい頭痛を訴えた。やがて意識を失った彼はただちにマージーサイド州シーフォースの海軍病院に収容されたが、そのまま目覚めることなく2日後に息を引き取る。享年48、死因は過労による脳梗塞とされている。

リヴァプール大聖堂で行われた葬儀には1000人を超える海軍関係者が参列し、水葬のため埠頭へ向かう棺を見送ろうとウォーカーに救われた経験のある無数の民間船員が街路を埋め尽くしたという。

第2支援群はすでに任務で出撃していたため、遺骸はカナダ海軍の駆逐艦「ヘスペラス」に乗せられて出港。ウォーカーが開戦からもっとも長い時間を過ごしたウェスタンアプローチの水底へ、弔銃の斉射と共に葬られた。

ウォーカー(前列中央)と第2支援群のメンバーたち。彼らの奮闘が大西洋を航行する多くの輸送船団の乗員たちを救った

軍人として優れた点
積極果敢な姿勢、指揮統率能力、大局を見据えた戦略眼

宿敵を下し地中海を制した百戦錬磨の艦隊司令官

アンドリュー・カニンガム 中将

イギリス海軍

アンドリュー・ブラウン・カニンガム中将は、そのイニシャルから「ABC」というあだ名で呼ばれた。弟は陸軍大将のアラン・カニンガム。退役時の最終階級は海軍元帥だった

「ジャッジメント」作戦での劇的勝利

1941年11月11日、午後9時。イオニア海上に浮かぶ戦艦「ウォースパイト」の作戦室は、静かな緊張に包まれていた。

イギリス地中海艦隊司令長官のアンドリュー・カニンガム中将は、テーブルの上に広げられた海図にじっと目を落としている。イタリア南部の軍港都市タラントにいるイタリア艦隊を21機のソードフィッシュ雷撃機で攻撃する「ジャッジメント（審判）」作戦は、今まさに始まったばかりだった。

カニンガムは1883年1月7日、ダブリン近郊のラスマインズ生まれ。第一次大戦では駆逐艦「スコーピオン」の艦長として大活躍し、勲章の受章数で英海軍トップクラスに入るほどの優秀な駆逐艦長であった。戦間期も常に艦隊勤務で海上にあり、陸で椅子を温めているのは片手で数える程度。欧州情勢が不穏な空気を漂わせはじめた1930年代には、すでに海軍でも最も積極性にあふれる指揮官として高い評価を受けていた。本人としても海上勤務が性に合っていたらしく、海軍参謀次長や帝国防衛委員会委員といった要職にあっても「まったく気に入らない」と海上勤務へ戻すよう熱望している。

1939年には英国騎士として「サー」の名乗りを許され、6月には地中海艦隊司令長官としてアレクサンドリアへ。着任後のカニンガムが最も関心を寄せていたのは、もしも戦端が開かれた際に地中海の制海権を如何にして手中に収めるかだった。

ジブラルタル～アレクサンドリア間をつなぐ海上輸送路の安全を確保することは、地中海戦域の帰趨（きすう）を占う上で非常に重要な意味を持つ。先の大戦でも、この補給線を巡って激しい攻防が繰り広げられており、その重要性は何よりこの戦域で駆逐艦乗りとして戦ったカニンガム自身がよく判っていた。

もしもドイツとの開戦となれば、遠からず同盟国であるイタリアも参戦してくるはず。その場合、タラント軍港のイタリア艦隊は海上輸送路に対する重大な脅威となり得る。彼の着任以前から既にタラント軍港への航空攻撃は検討されていたが、イタリア海軍こそ地中海における最大の仮想敵国と見るカニンガムは、より具体的な計画に入るよう指示したのだ。

果たして1939年9月に第二次世界大戦が勃発し、1940年6月にはイタリアも枢軸国として参戦する。現存艦隊主義（※）をとるイタリア海軍の活動は低調だったが、無傷の艦隊が存在する事実そのものが地中海のパワーバランスに大きな影響を及ぼしていた。

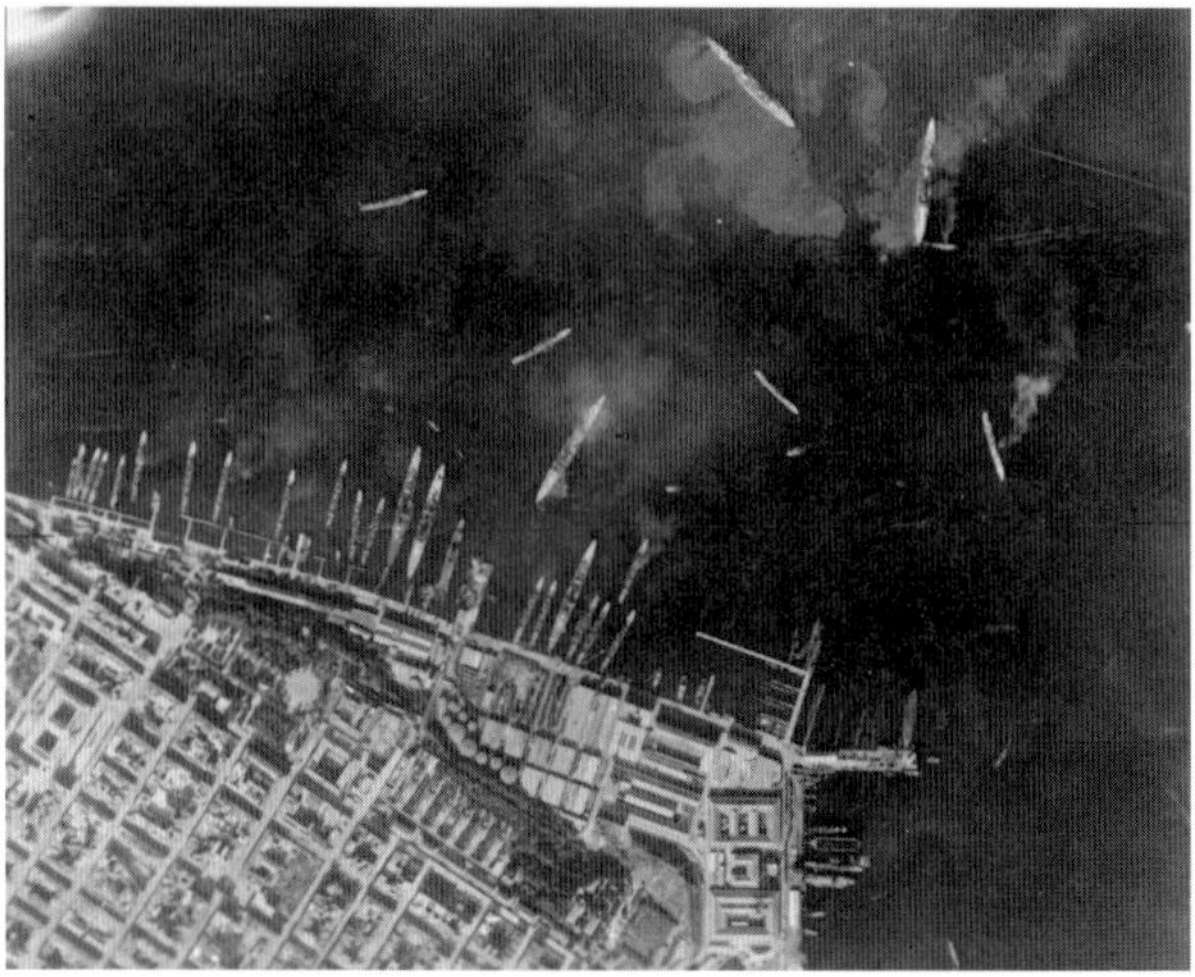

当時、タラント軍港には戦艦6隻、重巡7隻を基幹とする艦隊があり、これを排除して海上輸送路の安全を確保することが喫緊の課題となっていく。フランス戦の終結後、北アフリカに逃れたフランス艦隊の武装解除に成功したカニンガムは、いよいよタラント軍港に対する航空機による夜間奇襲作戦「ジャッジメント」を実行に移すのだ。

アレクサンドリアより出発した地中海艦隊は、まずマルタ島まで輸送船団を護衛しつつ進んでいく。これは真の作戦目的を秘匿するためだったが、イタリア海軍はこれに見事に引っ掛かり、タラント軍港の警戒レベルを通常のままで維持していた。

満を持して空母「イラストリアス」以下の艦隊が分派され、タラント湾に侵入した艦隊より21機の攻撃隊が発

「ジャッジメント」作戦後のタラント軍港を収めた空中写真。右上の艦艇から水中に油が流出している様子がわかる。その他幾つかの艦艇からは煙が上がっている。この作戦は日本軍の真珠湾攻撃にも影響を与えたといわれる

※　自艦隊の潜在的な能力が与える脅威によって敵国の海上活動を阻害する海軍戦略。基本的な艦隊運用は可能な限り艦隊決戦を回避する消極的なものになる。

艦、闇夜に沈んだタラント軍港へ向かった。

攻撃は11月11日午後10時58分から開始され、戦艦「リットリオ」に魚雷3本、「コンテ・ディ・カブール」、「カイオ・ドゥイリオ」にそれぞれ魚雷1本が命中。わずか21機の攻撃隊だったにもかかわらず、最新鋭艦を含む戦艦3隻をいずれも大破着底させ、イタリア艦隊の戦力を半減させたのである。

「1940年11月11日のタラントの夜は、空母航空隊が海軍における最も破壊的な武器であることを示した事例として永遠に記憶されるべき一夜である」

後にこのような一文を寄せたカニンガムだったが、実際の戦果報告への返答は作戦成功を意味する「B」「Z」の旗旒信号のみ――彼の意識は、すでに次の作戦へと向けられていたのだ。

宿敵を下して海上勤務を終える

後に「二次大戦の英国海軍で最も積極果敢な提督」と呼ばれることになるカニンガム。まさに英国海軍のモットー〝見敵必戦〟を体現するようなその性格は、彼が指揮を執った一連の海戦での振るまいによく表れている。

1941年3月、ドイツからの強い要請によりイタリア艦隊が船団攻撃のため出撃。その兆候を感じ取ったカニンガムは、迎撃の意図を悟らせないために出港前日までゴルフや架空の夜会を手配し、秘密裏に準備を整えさせた。そして旗艦「ウォースパイト」に座乗して自ら戦場へと赴くが、その出撃もスパイの目を欺くために日没後の厳重な灯火管制のもとで行われた。

このマタパン岬沖海戦において、カニンガムはイタリア艦隊を足止めするため空母「フォーミダブル」の航空隊へ反復攻撃を命じると共に、麾下全艦に対して危険な夜間追撃を下令。夜陰に乗じて退却を図るイタリア艦隊の捕捉に成功して重巡3隻、駆逐艦2隻を撃沈し、今後のイタリア海軍の活動をより低調なものとする戦略的勝利を挙げるのだ。

さらに1941年5月のクレタ島の戦いでは、地中海艦隊の全艦をあげて守備隊の撤退を援護。その際、航空戦力の不足により空襲への備えが無いことを危惧する部下たちへ、カニンガムは毅然(きぜん)と言い放った。

「船を1隻建造するには3年かかるが、伝統を築くには300年かかるのだ。海軍は、陸で戦う人々を失望させてはならない。万難を承知で任務を継続せよ！」

カニンガムの振るまいやその言葉を知る限り、彼が猛将型の提督であるように思うかも知れない。だが、カニンガムは決して困難に向かって突き進むだけの指揮官ではなかった。1942年末から1943年1月末にかけて彼は欧州戦域連合国軍の海軍総司令官となるが、直接の上司であったドワイト・アイゼンハワーは日記にこう記している。

『彼は私の部下の中で、絶対的な無私無欲、エネルギー、任務への献身と知識、作戦の要件への理解において、依然としてトップであると私は考えている。彼の優れた資質を認めることについて、私の意見は一瞬たりと揺らいだことはない』

地中海艦隊司令長官のポストへ戻ったカニンガムは、イギリスの海上輸送路の維持に努めると共に、枢軸側のそれをあらゆる手を使って阻み続けた。そして北アフリカ戦末期の海上掃討戦、さらに「ハスキー」「ベイタウン」「スラップスティック」の3つの上陸作戦が同時進行する南部イタリア水陸両用戦を指揮する。

1943年9月11日朝。マルタ島バレッタ湾には、3日前に連合軍へ降伏しマルタ島まで回航されてきたイタリア海軍の残存艦艇が浮かんでいた。カニンガムは司令部の窓から海上を眺めながら、各級指揮官宛に次のような電報を送った。

『イタリア艦隊がマルタ要塞の砲台下に停泊していることを、指揮官各位に報告す』

それは宿敵と定めてきたイタリア海軍を自らの軍門に下した栄誉の報告であり、また自身の長きにわたった海上勤務を締めくくる最後の報告であった。

現在も讃えられる海軍の英雄

1943年10月。カニンガムは急逝したダドリー・パウンド卿の後任として、イギリス海軍最高位となる第一海軍卿兼海軍参謀総長に就任。第二次大戦の残りの期間を、海軍における戦略策定の総責任者として過ごすことになる。

カイロからポツダムに至る一連の連合国会議に出席し、枢軸国打倒に向けた戦略と戦後構想に関して英国海軍代表の立場で意見を述べた。

また1944年6月のノルマンディー上陸作戦後、直ちにアントウェルペン（アントワープ）を完全占領し港湾を使用可能とするよう進言するが、「マーケット・ガーデン」作戦の実行を優先するバーナード・モントゴメリーに黙殺され、結果的にアントウェルペンの開港が遅れて連合軍の兵站（へいたん）に重大な影響を及ぼすことになる。

1945年1月、「ハインドホープのカニンガム男爵」として貴族に昇格。戦後の海軍削減に尽力する傍ら、1946年1月には子爵に任じられる。同年5月に第一海軍卿の職を辞して引退生活に入り、1953年のエリザベス2世戴冠式では大家令を務めた。1963年6月12日にロンドンで死去、遺骸はポーツマス沖の海上へ葬られる。

そして、現在。ロンドンのトラファルガー広場、中央階段の脇にカニンガムの銅像がある。第一次大戦のユトランド沖海戦で英国艦隊の指揮を執ったジェリコー、ビーティ両提督と並んで1967年に設置されたそれは、彼が第二次大戦の英国海軍における最大の功労者であったことを英国民が認めた証であり、また不世出の英雄でもあったことを誇りと共に未来へと伝えている。

軍人として優れた点

積極果敢な姿勢、頑健な精神力、戦局や情勢を分析する能力

チャーチルの信任を受け蔣介石を支えた隻眼の老将

エイドリアン・ウィアート 中将

イギリス陸軍

第二次大戦が始まって前線指揮官として現役復帰したエイドリアン・ウィアート。左眼にトレードマークの眼帯をつけている

貴族の子弟から筋金入りの〝戦争狂〟へ

エイドリアン・カートン・デ・ウィアートは、戦争狂である。

それも並みの戦争狂ではない。その生涯で無数の砲弾の破片と弾丸を浴び、ついには左眼と左腕、そして幾本かの指を失ってもなお、戦場をポロのフィールドのように愛し、まるでスポーツのように戦闘を楽しんだ筋金入りの戦争狂である。

彼がいかに戦争を愛したか、それは第一次大戦後に執筆した自伝の一節に表れている。

『率直に言って、私は戦争を心から楽しんだ。政府は（話し合いによる解決が良いと）好き勝手なことを言うが、社会において武力を排除することはできないし、武力こそが唯一無二の、他に解答のない絶対的な力である。「ペンは剣よりも強し」というが、私は武器としてどちらが優れているかを知っている』

１８８０年5月5日、ベルギー・ブリュッセル生まれ。ベルギー国王レオポルド二世の非嫡出子であるという噂も立ったが、記録上では父はベルギー貴族のレオン・コンスタント・ギスラン・カートン・デ・ウィアートとなっている。

幼少期に実母が死去して辛い経験もしたが、弁護士でもあった父の転勤にあわせてカイロへ移住し、割と自由気ままなエジプト生活を楽しんだようだ。やがて11歳の頃、イギリス人の継母の勧めでイングランドのローマ・カトリック系寄宿学校に入り、後にオックスフォード大学ベリオール・カレッジへの進学を果たす。まさに、貴族の子弟として理想的な成長過程といえるだろう。

だが、ここで唐突にエイドリアン・ウィアートは自ら道を踏み外す。１８９９年、父に無断でカレッジを退学すると南アフリカへ飛び、実年齢から6歳も上にサバを読んだ25歳の英国人「トルーパー・カートン」を名乗ってイギリス現地軍に入隊。折からの第二次ボーア戦争へイギリス兵として参加したのである。

第4（王立アイルランド）近衛竜騎兵の少尉だった1904年頃のウィアート。この時期の彼はまだベルギー国籍であったが、1907年に正式に英国の国籍を得ている。なお、母がアイルランド人であったためアイルランドとも縁が深かった

それは、若者の冒険心というには余りにも無謀な行いだった。最初の戦闘で腹と股に被弾したウィアートはそのまま傷痍兵として本国に送致され、それによりカレッジを無断で退学していたことを知った父から大目玉を食らったのだ。

ウィアートはめげない。あるいは苛烈な戦場にこそ自分の人生があると悟ったのかも知れない。オックスフォードに復学してもなお学業そっちのけで鍛錬を続ける息子を見て、すべてを諦めた父は友人のイギリス軍人オーブリー・ハーバートへ息子の将来を託した。

晴れてイギリス軍人となったウィアートは南アフリカ、そしてインドで勤務に就いたが、この間にヨーロッパ各国の貴族と親交を深め、その陽気な性格から「下品な言葉を喋らせたら世界記録保持者」という敬称（？）を得たのだった。

度重なる負傷と第一次大戦での勲功

第一次大戦の開戦をイギリス領ソマリランドでの治安戦のなかで迎えたウィアートは、イスラム抵抗勢力が籠もるシンビリス山砦の攻略戦において顔面に2発を被弾。左眼を失ったウィアートは、以降の生涯をトレードマークとなる眼帯姿で過ごすことになる。

負傷の癒えたウィアートはヨーロッパに呼び戻され、大隊指揮官として西部戦線に出征した。ソンム、パッシェンデール、カンブレー、アラス……西部戦線の主要な戦いにおいてウィアートは常に最前線にあり、そしてそのいずれの戦いでも敵弾を浴びて後送されている。指揮官という立場の人間にあるまじき負傷後送率

である。

指揮官先頭の精神など彼にとっては生温い。突撃に際してはむしろ嬉々として兵士達よりも前を走り、視界を焼きつくす砲弾の炸裂に名画の美を見出し、殺到する弾丸に無上の快感を得た。

左眼に加えて左腕を失ってもなお彼は戦場をこよなく愛し続け、ある時などは「安静にしていれば治る」という軍医の進言を拒否し、負傷した指を自ら食いちぎってまで突撃に参加した。

ウィアートにとって、戦場とは自らの血潮を沸き立たせる最高の舞台であり、戦闘とは肉体と肉体、魂と魂がぶつかり合うスポーツも同然であった。これほど楽しいビッグイベントを、みすみす病院のベッドの上で見過ごしてなるものか！

そんなウィアートは第一次大戦後、西部戦線での勇戦に対してイギリスで最も誉あるヴィクトリア十字勲章を授与された。だが、きっとウィアートは誰よりも第一次大戦の継続を望んでいたであろうし、たとえ最高勲章といえど彼の欲求を満たすことはできなかったのではあるまいか。

第二次大戦で戦場へ舞い戻る

第一次大戦後に成立したポーランド第二共和国への軍事援助作戦に参加したウィアートは、１９２３年12月に少将の名誉階級を得て軍を退役。ポーランド旧王室の王子と友人になって東部の広大な沼沢地の使用権を与えられ、以降15年間を狩りの日々に費やした。自伝によれば「湿地帯での15年間、狩りのできる日は一日たりとも無駄にしなかった」とあるから、それなりに楽しい日々であったらしい。

だが、第二次大戦の勃発は彼を愛しの戦場へと引き戻した。

１９３９年7月に駐ポーランド軍事使節団長となっていたウィアートは、独ソ両軍が東西から圧迫するなかでポーランド政府の脱出作戦に参加。イギリス軍駐留部隊が死守している間に政府首脳部はルーマニア経由で脱出に成功し、彼は9月21日に飛行機で本国帰還を果たす。それは親連合国派だったルーマニア首相アルマンド・カリネスクが暗殺されたその日であり、まさにギリギリのタイミングだったといえよう。

本国帰還後に陸軍へ復帰したウィアートだったが、本来なら高齢に加えて左眼、左腕を失っている男に最前線での勤務は到底不可能なはずである。だが、不思議と戦場の匂いは彼を離さない。

１９４０年４月、ノルウェー駐留軍の指揮官としてナムソスに派遣された際には、派遣初日から乗っていた飛行艇がドイツ戦闘機の銃撃を受けるも、本人は無傷で乗り切った。兵力も装備も不足していた部隊は雪の山中でドイツ軍からの猛烈な砲爆撃を受け続けるが、彼自身は部下を指揮しながら嬉々として雪原を駆け回り続けた。

同年11月にはユーゴスラヴィア作戦軍司令官として飛行機で移動中、リビア沖の地中海で不時着水しイタリア軍の捕虜となってしまうが、早々に捕虜収容所を脱走。結果的に連れ戻されてしまったが、眼帯・片腕でイタリア語も一切介さない老人にもかかわらず8日間も農民のふりをして捜索の目から逃れたのは、まさに彼の生来持つ剛胆さのなせる技であった。

蒋介石の相談役へ就任

その後、連合国との講和を模索するイタリア政府から仲介役となることを依頼されたウィアートは、ポルトガルのリスボンで英伊両国のチャンネルを構築した後に本国へ帰還。間もなくチャーチルから直々に呼び出され、今度は太平洋戦線の見聞役と蒋介石の相談役を兼ねて中国へ派遣されることが決まる。

インドでそのための準備を行っていた１９４３年11月にはカイロ会談に出席し、陸軍の代表として宋美齢の背後で写真に収まる栄誉を得た。

中国国民党政府のある重慶に到着したウィアートは、蒋介石のもとで相談役としての仕事に就きながら情

1943年11月のカイロ会談における記念写真。前列左から蒋介石、フランクリン・ルーズベルト、ウィンストン・チャーチル、宋 美齢(蒋介石の妻)、その後ろの眼帯をつけた人物がウィアート

報収集にあたった。多くの最前線を渡り歩いてきたウィアートの情勢判断は、誰よりも硝煙の臭いを知る男であるが故に冷徹で一切の虚飾無く、それはチャーチルをはじめ政府首脳にとって最も重きをなすレポートとなった。

東洋艦隊が行った蘭印サバン(※)の日本軍守備隊に対する砲撃作戦において、戦艦「クイーン・エリザベス」の司令官席がただの見聞役に過ぎなかったウィアートに与えられたのは、彼の目こそが「イギリスの目」であり、彼の報告こそ戦争遂行における重要な指針となっていたことを示す証左といえよう。

第二次大戦の終結後もイギリスと国民党政府の連絡役としての任務に就いていたウィアートは、1947年10月に中将の名誉階級を得て正式に軍から退役する。第二次国共内戦が始まり、何よりも彼の戦場経験に期待していた蒋介石から引き続き相談役として慰留を受けたが、それを丁寧に固持して機上の人となった。

イギリスへの帰国の途上、ラングーンで足を滑らせて転倒し背中を負傷。帰国後に病院で手術を受けた際、体内から数えきれぬほどの榴散弾や砲弾の破片が摘出されたことは、この稀代の男を彩る戦場伝説の最後の幕にふさわしい。

エイドリアン・カートン・デ・ウィアートは1963年6月5日、アイルランド・コーク県キリナーディッシュの邸宅で死去した。享年83。幾多の戦場を駆け回った男の生涯からは想像もできないほど、その余生は釣りと狩猟に費やされた穏やかな日々であったという。

※ オランド領東インド(現インドネシア) スマトラ島の北西に位置するウェー島の都市。

戦闘機パイロットとしての能力、自らが信じたスタイルを貫き通す姿勢

経歴も空戦スタイルも型破りな〝マルタの英雄〟と呼ばれた撃墜王

ジョージ・バーリング 大尉

イギリス空軍／カナダ空軍

空中でも地上でも孤高を貫き、英語で「変人」を意味する「スクリューボール」（screwball）のあだ名で呼ばれた異色のエース、ジョージ・F・バーリング大尉。その性格が災いして大戦中に軍を退役、戦後は悲運の最期を遂げることとなる

流転の末に英空軍へ辿り着く

ドイツ軍がフランスを席巻し、イギリス本土での戦いが現実味を帯びてきた1940年7月。グラスゴーにあったイギリス空軍の登録事務所に、頭陀袋を肩に掛けた一人のみすぼらしい少年がやってきた。

「こんにちは。英空軍に志願するためカナダから来ました」

ジョージ・バーリングと名乗った少年は、250時間の飛行証明書を手に訥々とこれまでの経歴を語った。カナダ・モントリオール近郊、ラサール出身。幼少より飛行士になることを夢見ていたが、学歴の問題からカナダ空軍への入隊は叶わず、さらに両親の反対にあって家出同然に故郷を飛び出し、倹約生活で金を貯めて飛行時間を稼いだ。

はじめは中国空軍に志願するも密出国の廉で逮捕。さらに冬戦争中のフィンランド空軍に志願したが門前払いされ、行き先を失ったところで英空軍がパイロットを募集していることを知る。アメリカからイギリスへ向かう輸送船に水夫として潜り込み、やっとの思いでここまでやってきたという。

応対した係官は、少年の熱意にほだされた。何より英本土での戦いが目前に迫る今、空軍は一人でも多くの〝活きの良い〟パイロットを欲していたのだ。何とか彼の希望を叶えられないか知恵を絞ろうとした係官だったが……ふと我に返って、手渡された書類を何度も見返した。

「……旅券も身分証明書も無いな」

「そうですね。両親とは仲違いしているので、サインを貰えませんでした」

「それじゃ密入国じゃないか、空軍への入隊どころかキミを逮捕しなきゃならん！」

途方に暮れたバーリング少年は、やがて決意の光を目に浮かべて頷いた。

「判りました、じゃあすぐにカナダに戻って書類を揃えてから、もう一度ここに来ます」

係官は、その言葉を本気と取らなかった。Uボートが跳梁跋扈する当時の大西洋航路は、1船団あたり最低でも2隻は沈没を覚悟しなければならぬ危険な航海を強いられていたのだ。屈強な大人の船員でも震え上がるそんな道程を、わずか19歳の少年がもう一度往復してくるなどできるわけがない。

だが、彼はどこまでも本気だった。往路と同じ船でカナダへ戻ると、両親を説得して書類を全て揃えてから、1カ月後に再び輸送船に潜り込んで大西洋を渡ってきたのである。

これほど早く戻ってくるとは、と思わず目を丸くする係官に、バーリング少年は悪童のような顔を皮肉気に歪めて言った。

「こんにちは。書類を揃えてきました。これで英空軍に入れてくれますよね?」

後に「変人」と渾名なされる撃墜王ジョージ・フレデリック・バーリングは、その軍歴の最初からして型破りな男だった。

絶好の戦場だったマルタ島上空

約1年間の訓練を経た1941年末、バーリングは第403飛行隊、次いで軍曹として第41飛行隊に配属され、1942年5月にスピットファイアに搭乗して北フランス上空でFw190を2機撃墜し、最初のスコアを記録する。

当初よりバーリングの射撃の腕は群を抜いていた。敵の未来位置を予測し、エンジンから操縦席にかけての急所に一連射を叩き込む偏差射撃を、彼は誰に学ぶともなく身につけていたのだ。

だが当時の英空軍の飛行隊は3機を基本単位とする編隊空戦を重視しており、何より自由さを求めた彼の性格にまったく合っていなかった。最初の撃墜の際もバーリングは編隊を崩していたことから、隊内での評判は最悪なものとなってしまう。

部隊で居場所を無くしたバーリングは、海外勤務に指名された同僚が身重の妻を残して旅立つことに悩んでいると聞きつけると、彼に替わって自分が海外勤務に発つことを申し出る。バーリングを含む32名の海外派遣パイロットが向かった先は、地中海の玄関口・ジブラルタル。そこで初めて、彼らの最終目的地がマルタ島であることを知らされた。

地中海に浮かぶマルタ島は、イタリア半島から北アフリカに至る枢軸軍の海上交通路を脅かす存在として連日猛爆撃を受け続けていた。在マルタの英空軍航空隊は寡勢ながら迎撃戦に船団攻撃にと日々奮闘し、枢軸軍の只中に打ち込まれた楔のようなこの孤島をかろうじて支え続けてきたのである。バーリング達32名のパイロットとスピットファイアは、絶息寸前のマルタ島へカンフル剤として送り込まれたのだ。

マルタ島の第249飛行隊に所属していた時期のバーリング。写真右は1942年7月27日に撃墜したイタリア空軍MC.202戦闘機の方向舵、左は同じくその部隊エンブレムである

何しろ敵地との距離が近く、また彼我の戦力差も隔絶している。迎撃に飛び立った戦闘機は編隊を組む間もなく空戦に突入し、そして着陸と同時に次の空襲警報が鳴り響くこともザラだった。送り込まれた32名のパイロットも、1カ月後に生き残っていたのはわずかに7名のみ。

そんなマルタ島での戦いは、彼の性格に合っていた。基地の上空がそのまま空戦場のようなここでは単機での戦いを余儀なくされ、ただ個人の技量だけが生き残れるか否かを左右する。どこまでも自由を求めるバーリングにとって、それは逆に自身の能力を存分に発揮できる環境だったのだ。

最初の1カ月で15機のスコアをあげて殊勲飛行章を受章し、あわせて少尉に任官。バーリングとしては「下士官のままの方が気楽に飛べる」と任官を拒否していたが、上官が無理やり彼を将校へと格上げしたのだった。

栄養失調から来る風土病にかかり、やむなく1942年8月〜9月の約1カ月間だけ地上勤務を余儀なくされたが、それ以外はひたすら最前線に立ち続けた。10月にはマルタ島でのスコアを23機に伸ばし、押しも押されもせぬトップエースへと登り詰める。その記録はたった13回の出撃で成し遂げられており、誰もがそのハイペースぶりに瞠目(どうもく)した。

そして10月14日、敵の戦爆連合が接近中との報告を受けてバーリングは14回目の空戦に挑む。すれ違いざまに2機を叩き落とし、身を翻(ひるがえ)して1機を葬ったところで、無線機から悲鳴のような声が流れた。

「カルフラナ湾上空、敵20機に追尾されている！」

この日の彼は注意力を欠いていた。仲間に追いすがっていた敵を混乱させることはできたものの、いつのまにか後方に付いていたBf109に一撃を喰らったのだ。かろうじて脱出には成功したが、一時は生死を彷徨(さまよ)うほどの大怪我を負ってしまう。

本国へ戻って療養することを命じられたが、バーリングは頑として聞かない。ついにマルタ空軍の総司令官であるキース・パーク少将が病院に現れ、彼に殊功勲章を手渡すと共に、帰国して戦意高揚のための宣伝活動をするよう直々に命令した。

マルタの戦いでバーリングが挙げた戦果は、合計で28機。帰りの飛行機がエンジントラブルで海中に突入したが、彼だけは無傷でこの事故を乗り切った。地獄のようなマルタ島を飄々(ひょうひょう)と生き残ったバーリングの強運は、この時点ではまだ彼の中に活きていたのだ。

英雄扱いから一転、再び流転の人生へ

カナダへ戻ったバーリングは〝マルタの英雄〟として熱狂的に迎えられ、戦時公債キャンペーンのため各地を飛び回る日々を送る。やがて古巣の第403飛行隊に戻った彼は欧州上空に出撃するが、やはり編隊空戦を基本とする戦い方にはどうしても馴染めなかった。記録では1機（2機という説もある）をスコアに追加したのみで、英本土の高等射撃学校の教官へと転属させられてしまう。

この頃の精彩を欠いたバーリングが上官のアドルフ・マラン大佐（※）に対して極めて不遜な態度をとった逸話が残されているが、英空軍戦闘機乗りの父といえるマランにそんな態度をとったのは、後にも先にもバーリングただ一人だった。

しばらくしてカナダ空軍へ入隊したバーリングだったが、ここでも周囲と衝突を繰り返し、いまだ戦時中の1944年10月には半ば強制的に退役となる。生涯撃墜数、31機。戦後は結婚生活も上手くいかず、民間航空に就職するも長続きせず、バーリングは戦場を求めるように建国したばかりのイスラエル空軍へ入隊する。

1948年5月28日。弾薬を満載してローマを飛び立った1機の輸送機が、離陸直後にエンジントラブルを起こして墜落。機内から黒焦げになったパイロット1名の遺体が発見された。このパイロットこそ、かつて〝マルタの英雄〟と呼ばれたバーリングその人だったのである。二度目のエンジントラブルからの墜落に、今度こそ幸運の女神は微笑むことがなかったのだった。

1943年初頭、カナダでの戦時公債キャンペーンで講演するバーリング。"マルタの英雄"として与えられたこの任務は彼にとって望むものではなく、しばしば軍にとって不都合な発言もあった

※　英空軍戦闘機パイロットの重鎮で、高等射撃学校の校長も務めた人物。生涯戦果は撃墜32機。

第五章 ● その他の国々の軍人

軍人として優れた点

戦闘機パイロットとしての能力、旺盛な研究心、不屈の闘志

空戦技術の研鑽を重ね
ソ連邦英雄となった不屈の男

アレクサンドル・ポクルイシュキン 航空元帥 ソ連空軍

ソ連屈指のエースパイロットであるポクルィシュキンの総撃墜数は59機に上る。彼は熱心に空戦術の分析・改善に取り組み結果を出したが、それにより上層部と対立することもあった

北カフカス上空の決闘

1942年7月17日、北カフカス・タマン半島上空。

ソ連空軍パイロット、アレクサンドル・ポクルィシュキンは絶体絶命の危機に陥っていた。対するは、後にスーパーエースとして名を刻まれるハンス・ダマースと、その僚機のクルト・カイザーが駆る2機のBf109。

自分が乗るYak-1とBf109は性能が拮抗している。敵に上方を取られたとはいえ急降下すれば逃げられる、そう考えたのが甘かった。この時ダマースとカイザーが駆る機体はBf109G-2――エンジンをよりパワフルなDB605へ換装した新型だったのである。

猛烈な勢いで接近する敵機に、心臓が跳ね上がった。このままでは後ろに貼り付かれてしまう！

追いすがる敵機がバックミラー一杯に広がり、まさに射撃点へつこうとしたその刹那、彼は操縦桿を引きつけながらフットバーを思いきり蹴りつけた。

突如、彼の機体が渦を描くように跳ね上がる。それは集団戦闘を重視するソ連戦闘機隊において、これまで禁忌とされてきた空戦機動のひとつ――バレル・ロール（※1）。オーバーシュート（※2）したカイザー機の後ろに舞い降り、照準環の中心に機影を捉えた。このチャンスを逃せば、自分が生き残る道はもはや無い！

両翼の20㎜、それに機首の7・7㎜機関銃を撃ちながら突っ込んでいく彼の目の前で、蜂の巣のように射竦められたカイザー機が空中爆発する。安心している暇はない。もう1機、ダマースが駆るBf109が真後ろに迫っている。

再びのバレル・ロール。強大な遠心力に背骨が軋み、頭が風防に押しつけられる。明後日の方向を向いた視界の片隅で、彼を追いかけることができずフラフラと前へ飛び出していくダマース機の姿を、確かに見た。

※1 進行方向を保ったまま、横転しつつ螺旋を描く空戦機動。自機下面で樽の内側をなぞるような軌道をとることからバレル・ロールと呼ばれる。
※2 目標より行き過ぎてしまうこと。この場合、後ろをとって追撃していた状態から敵機を追い越してしまうこと。

シャワーのような射弾を浴びせられ、煙を引いて落ちていくダマース機。遙か下方で白い落下傘が開き、風に乗って流されていく。

彼はようやく安堵のため息をついた。荒く呼吸を繰り返しながら、遠くへ去っていく落下傘を見る。手足が動いているところから見て、パイロットは生きているに違いない。

彼は小さく翼を振ると、基地のある東へと針路を取った。今日は何とか生き残ることができた。しかし、明日は判らない。敵は強大で、我が方はいまだ開戦の日の損害から立ち直れずにいる。この空の血戦場で一日でも長く飛び続けるには、もっと速く、もっと自由に、大空を我が物としなければ――！

それは、独ソ戦が開戦して1年後。後に祖国の偉大な英雄として立つことになる男が、いまだ先の見えない闇の中でもがき続けていた日々の出来事である。

MiG-3から降りて落下傘の縛帯を外すポクルイシュキン。彼は大祖国戦争（独ソ戦）の開戦から1943年3月頃までMiG-3を愛機として約20機を撃墜。その後、Yak-1、P-39と乗り継いでいる

望まぬ転属から執念で返り咲く

アレクサンドル・イヴァーノヴィチ・ポクルイシュキンは1913年3月6日、トムスク州ノヴォニコラエフスク（現・ノヴォシビルスク）の貧困地区に生まれた。愛称は〝サーシャ〟。

12歳の時にパイロットの道を志し、義務教育修了後は地元の技術学校に入学。1年半で学位を取得し、卒業後は軍需工場で金属加工技術者として働きながら、民間の模型飛行機クラブに所属して飛行機の原理をエ

ンジニアの視点から身につけていく。

　1932年、赤軍に志願兵として入隊したサーシャは、念願叶ってパイロット候補生に選ばれた。しかしペルミ第3航空学校への入学が決まった直後に搭乗員専科の閉鎖が決まり、彼を含め候補生の全員が航空整備士となるよう命じられる。何度も嘆願を繰り返したサーシャだったが、その度に上官から同じ言葉で追い返された。

「パイロットだけではなく、整備士もまた赤軍航空隊には必要な人材なのだ！」

　思いがけず航空整備士となったサーシャだったが、上級航空整備士として軍務に精励しながら、いつか訪れるだろうチャンスを待ち続ける。この間、エンジニアとして優秀だった彼はR－5偵察機やShKAS機関銃の改良に才能を示し、殊勲技術者として表彰されている。

　1938年、待ち望んだチャンスが訪れた。狭き門を潜り抜けてパイロット候補生となる以外にも、民間の飛行学校を卒業した人間が軍に入ったなら自動的にパイロット候補生に選ばれるという抜け道を発見したのだ。

　その年の冬、長期休暇を使って地元の航空クラブに入ったサーシャは、わずか17日間で飛行士資格を取得。上官は「民間飛行士が自動的にパイロット候補生となる制度は、あくまで新兵の場合である」と渋ったが、サーシャは師団長、空軍総司令官、果ては国防人民委員にまで40通を超える上申書を送りつけ、晴れて自身二度目のパイロット候補生として選抜されたのである。

　1939年、航空学校を優秀な成績で卒業したサーシャは、オデッサ軍管区に新編された第55戦闘航空連隊に配属された。1940年、連隊はキロヴォグラードからバルツィへ移動。サーシャは1941年初頭に連隊の副飛行隊長へ昇進を果たした。

　これより半年の後。祖国の、そして彼の運命を大きく変える、独ソ戦の火蓋が切って落とされる。

研究の末に得た空戦の極意

1941年6月22日。独ソ戦開戦のその日を、サーシャは飛行場に降り注ぐ爆弾の雨の中で迎えた。生き残った機体を駆ってドイツ爆撃隊を追撃したが、たまたま西に向かっていた友軍機を誤って撃墜してしまい、彼にとって苦い初出撃となる。

開戦から翌1942年にかけての1年は、ソ連航空隊にとって苦難の日々となった。後退に次ぐ後退で士気は落ち込み、空に上がれば常に優勢な敵に追い回される。後年、彼はこの1年間について「1941年から1942年にかけての日々を戦わなかった者は、本当の戦争を知らない」と振り返っている。

どうして敵の戦闘機に対抗できないのか。空戦技の改良こそ急務と考えた彼は、自身と戦友の空戦の様子を詳細にノートへ書き留めて分析を重ねていった。

それまでのソ連空軍では集団戦闘を重視し、主に水平面の機動によって敵の後背へ回り込むことを要訣(ようけつ)としていた。しかし高速かつ高翼面荷重な現代の戦闘機では、水平面よりもむしろ垂直面の動きを重視した方が良い。そして短い射撃でも全弾を叩き込めるよう、目標にできるだけ近接して撃つべきだ——。

「勝利の要因は作戦行動と射撃にあり、そして成功は至近距離からの射撃である」

彼もまた、多くの撃墜王が戦いの中から会得した理念に辿り着いたのだ。

1942年8月。第16親衛戦闘航空連隊と改称していた部隊は、イラン経由で運び込まれたP－39エアラコブラへと機種改編した。彼が提唱した空戦技を良しとしない司令官と軍法会議寸前の深刻な諍(いさか)いとなったが、多くの仲間達の助けを得て再び部隊へ舞い戻り、やがて1943年春からの熾烈な航空戦を戦うことになる。

北カフカスで彼らが対したドイツ戦闘機隊は、第3戦闘航空団、第52戦闘航空団といった強敵中の強敵だった。東部戦線において最も激烈とされるこの空戦場で、彼は間違いなくエーリヒ・ハルトマンやゲルハルト・バルクホルンといったウルトラエースとも対戦したはずだ。

そんな中、サーシャは新たな愛機を駆って存分に暴れ回った。彼は常に先陣を切って敵の中へ躍り込み、まず敵の指揮官機を狙って射弾を叩き込んだ。指揮官機を墜とされたドイツ空軍が、しばしば任務を放棄して撤退することを彼は敵の観察から学んでいたのだ。

ポクルィシュキンとキルマークが並んだ愛機P-39

１９４３年５月、出撃３５４回、単独撃墜13機の功績に対して最初のソ連邦英雄称号とレーニン勲章（二度目）を受章。さらに8月には出撃４５５回、撃墜30機を記録して二度目のソ連邦英雄称号とレーニン勲章（三度目）を受章する。

１９４４年５月、第９親衛戦闘機師団長に就任。指揮官となって公式には出撃を禁じられたが、なおも彼はドイツ本国に向けた反攻作戦を先陣切って戦い続けた。8月には三度目のソ連邦英雄称号を受章したが、大戦を通じてソ連邦英雄を三度受章した者は彼を含め３名しかいない。

最後の出撃は１９４５年５月９日、プラハ上空。終戦までに出撃６５０回、総撃墜数は59機＋非公式75機、協同撃墜６機を記録（諸説あり）しており、これはソ連空軍トップエースのイヴァン・コジェドゥブ（公式62機）に続く第２位とされる。

戦後はソ連防空軍に勤務し、１９７２年には航空元帥の称号が与えられる。軍を退役後は政治の世界へ進み、１９７９年には最高会議幹部会議員に上りつめた。

１９８５年11月13日、72歳で死去。

軍人として優れた点

冷静沈着さ、小火器を取り扱う能力、比類なき狙撃の技術

〝白い死神〟と恐れられた最強の狙撃手にして戦士

シモ・ヘイヘ 少尉

フィンランド国防軍

542人という史上最多の確認殺害戦果を記録したシモ・ヘイヘ少尉（冬戦争停戦後に特進）。これは冬戦争の開戦から負傷まで、約3カ月の間に挙げた戦果であり、しかも短機関銃での戦果は加算されていない（写真／SA-kuva）

狙撃に明け暮れる〝シムナ〟の日常

１９３９年12月、フィンランド・コッラー川西岸。

冬の穏やかな太陽が、純白の雪が降り積もった森の向こうへ落ちていこうとしている。細い針葉樹の下、新雪を掘った浅い塹壕へ腹這いになって、白い偽装布を被った〝シムナ〟は前方を睨み続けていた。

朝から5時間以上も、彼はここで身動き一つせず愛銃を構え続けている。気温はマイナス20度を下回り、分厚く着込んだヤッケを通じてしんしんと冷気が染みてくるが、彼としてはあと半日は耐えられる範囲だ。極寒の雪中でも体力を消耗しない狙撃姿勢を、〝シムナ〟は誰に教わるともなく身につけていた。

コッラー川戦線のソ連軍に、恐ろしく腕の立つ狙撃兵が現れた。その存在が知れた直後、瞬く間に小隊長3名が斃され、さらに代理小隊長に任命された下士官までも頭を吹き飛ばされた。いずれも、一瞬だけ曝した隙にただ一発で、だ。

中隊長のユーティライネン中尉は、この手強い敵を仕留めるべく〝シムナ〟に対抗狙撃戦を命じた。充分な休養と食事を摂り、防寒着のポケットに集中力を保つための角砂糖を忍ばせて、〝シムナ〟はまだ日も昇らぬ早朝から一人きりで戦場へ発った。

〝シムナ〟の視線の先、彼の見立てでは距離４５０ｍ。コッラー川の流れが造りだした低い土手の向こうにある倒木の陰。そこに、針穴よりもまだ小さな光が見える。集中力を保っていないと見落としそうなほど、それは雪の照り返しに紛れていた。敵狙撃兵の照準スコープだった。日暮れが近付いて陽光の入射角が小さくなったために、スコープのレンズがわずかに反射しているのだ。

〝シムナ〟はレンズの光から少しだけ右上の空中にピタリと照準を合わせ、その瞬間を待ち続けた。

彼の相棒、モシン・ナガンＭ１８９１をベースに民間防衛隊銃器製造会社（ＳＡＫＯ）で製造されたＭ28－30

フェイスマスクを着け、着剣した小銃を手に狙撃姿勢をとるヘイヘ

には、スコープの類は一切無い。反射光を嫌ったのと、スコープを覗くにはどうしても頭が高くなってしまうためだ。彼はこれまでの無数の狙撃を、銃に元々付けられていた照準具のみで成し遂げていたのである。

遠くから響いていた重砲弾の炸裂音と、近くの森から絶え間なく聞こえていた機関銃の射撃音が、日暮れを前にして徐々に間遠くなっていく。また一日、地獄を生き延びた——誰もが安堵感を抱く、静けさに満ちたその一瞬。その時こそが、〝シムナ〟の待ち望んだ逢魔が時だ。

彼方のスコープの光が、フッとかき消える。日没を前に店仕舞いを選んだ敵が、構えていた銃を下ろしたのだ。〝シムナ〟は糸を紡ぐように細い息を吐きながら、右手の人差し指をゆっくりと引き金に添えた。

銃声、一発。

反動が収まると同時に、450m先で小さく血煙が舞い上がる。それは、敵の頭部がその位置に来ると予想して合わせていた照準と完全に一致していた。顔面に銃弾を受けた敵はそのまま雪壁の向こうへ転がり落ち、そこには自然のままの森の風景が広がるのみ。

〝シムナ〟は腹這いのまま後ろへ下がり、充分に距離を取ったところで身を起こした。陣地を後にして間もなく榴弾が降り始めたが、既に安全圏へ離脱していた〝シムナ〟は特に気にする風もなく、部隊への帰路を辿ってゆく。

のちに確認殺害戦果542名を数え、敵味方から〝白い死神〟と畏れられるようになる〝シムナ〟——フィンランド軍予備役兵長シモ・ヘイヘ(※1)。彼にとっては今日の狙撃兵狩りもまた、この戦争が始まって以来繰り返される日常の一断片に過ぎなかった。

予備役兵として招集に応じる

ロシアとの国境に近い、ヴィープリ州ラウトヤルヴィ村。1905年12月17日、シモ・ヘイヘはこの村で農場を営む家族のもとに五男坊として生まれた。

国民学校に通いつつ子供の頃から農場の仕事を手伝っていたヘイヘだったが、17歳となってすぐに民間防衛隊へ入隊し、さらに19歳からの義務兵役ではライヴォラの第2自転車大隊に配属され、13カ月にわたる現役兵生活を無事に務めあげた。

予備役となって以降も、ヘイヘは農場の仕事の傍らで鍛錬を怠らなかった。民間防衛隊の射撃大会で5位に沈んだことが余程悔しかったらしく、その日から寝る間も惜しんで射撃の技術を磨き続ける。趣味と鍛錬を兼ねて始めた狩猟はすぐに腕を上げ、やがてヴィープリ州でも指折りの猟師として名を知られるようになっていった。復仇戦となった射撃大会では、150m先の標的へ1分間に16発の射撃を成功させ、さらには全弾を命中させるという離れ業を演じている。

1939年10月。対ソ情勢悪化を受けて、フィンランドは全予備役兵の招集を開始。ヘイヘもまた予備役兵長として、第12師団第34歩兵連隊第2大隊第6中隊〈カワウ〉へ配属される。

カワウ中隊の中隊長は、フランス外人部隊での勤務経験があるアールネ・ユーティライネン中尉。ちなみに彼の弟こそ、後にフィンランド最高の撃墜王となるエイノ・イルマリ・ユーティライネンその人である。

ユーティライネン中尉はすぐさま、この背丈が小さく童顔な男の卓越した小銃射撃の腕を見抜いた。彼がその能力を発揮できるよう決まった小隊へ配属せず、自由に戦える環境を作り上げた。ヘイヘが常人離れし

※1 Simo Häyhäを日本では一般的に「シモ・ヘイヘ」と表記するが、「シモ・ハユハ」の方がフィンランド語での発音に近いとされる。

た戦果を積み上げたのは、ユーティライネン中尉の対応にも一因があったと言えるだろう。

カワウ中隊が送り込まれたのはラドガ湖の北方、ロシアの領土へ食い込むようにフィンランド領が突き出た、通称『ヒルシュラの鉤(かぎ)』と呼ばれる地域である。中隊の担当区域を流れるコッラー川は取るに足りぬ小川だったが、やがてその名はフィンランド軍が数々の奇跡を打ち立てた場所として歴史に刻まれる事となる(※2)。

冬戦争における最強の戦士

1939年11月30日、冬戦争が勃発。

歩兵4個師団、戦車1個旅団の計1万5000名の兵力でコッラー戦線へ押し寄せたソ連軍に対して、守るフィンランド軍はわずか1個師団計5000名のみ。装備は各人の小銃と短機関銃が中心であり、対戦車装備は火炎瓶と集束爆薬くらいで、重砲火力は圧倒的に不足していた。この絶望的な戦力差を覆すべく、フィンランド軍は凍土の森を舞台として徹底したゲリラ戦術で対抗していくのである。

ヘイヘは、まるで水を得た魚のように戦い続けた。開戦からわずか1カ月で139もの首級をあげ、さらにその戦果は止まるところを知らない。

敵の狙撃兵狩りはいうに及ばず、砲兵観測所の望遠潜望鏡の破壊や敵指揮官の殺害など、ユーティライネン中尉が直々に命じる任務はいずれも困難の上に困難を重ねたようなものばかり。だが、ヘイヘは命じられるまま一人で出

1940年2月17日、スウェーデンから寄贈された小銃と証書を手にして第12師団の師団長スヴェンソン大佐(左)と共に記念写真に収まるヘイヘ(写真/SA-kuva)

※2 コッラー戦域では数倍の戦力で進攻するソ連軍に対し、フィンランド軍が頑強に抵抗し、冬戦争停戦までソ連軍の突破を許さなかった。

掛けていっては、確実に成果をあげて夕方には戻ってくる日々を送り続けた。

ヘイヘが得意だったものは狙撃だけではない。短機関銃の取り回しにかけても、彼は他の追随を許さなかった。ある時、ヘイヘが籠もる森に100名以上のソ連兵が突撃をかけてきたが、彼はすぐさま小銃から短機関銃へと持ち換えて撃退に成功する。短機関銃での戦果はほとんど記録されておらず、もしも記録が為されていたなら542名の確認戦果よりも更に多くの数字が残されていただろう。

ヘイヘをはじめとするフィンランド軍将兵の奮闘により、当初は圧倒的有利とみられていたソ連軍の進撃は各所で停滞し、やがて雪深い森の中で忽然と消え去っていった。ヘイヘ自身は1940年3月6日のマッカラクッラ丘陵攻撃で左顎(あご)を吹き飛ばされて後送されるが、フィンランドは自国の独立を守りきるのである。

あまりにも静かな余生

傷が癒えたヘイヘは1941年6月に始まった継続戦争へも参加を望んだが、彼の負傷が重篤だと見た軍は彼を再び呼び戻すことはなかった。

第二次大戦後、ルオコラハティ近郊に小さな農場を得たヘイヘは、そこで畑の世話をしつつ折を見ては森に狩猟へと出掛ける生活を送る。ヘイヘは生涯結婚せず、かつての戦争を忘れたかのような一人きりの静かで慎ましい日々であった。

兄からの要請で畑を荒らしていたヘラジカの群れを狩り、73頭もの首級を挙げてその地域のヘラジカを全滅させたことが、かつての名狙撃手らしい逸話と言えようか。

2002年4月1日、シモ・ヘイヘは96歳でこの世を去った。彼の生まれ故郷ラウトヤルヴィには彼の名を冠した小さな博物館があり、かつて〝白い死神〟と畏れられたスナイパーの伝説を愛銃と共に語り続けている。

戦闘機パイロットとしての能力、指揮統率能力、決然たる行動力

精鋭飛行隊を率いた中華民国空軍屈指の英雄

高志航 上校

中華民国空軍

その生涯で5機を撃墜（いずれも日本軍機）して中華民国空軍の英雄となった高志航。戦死時の階級は大佐に相当する空軍上校であった

史料調査協力／譚志璋

フランス留学を経て軍の飛行士へ

1907年5月14日、清国遼寧省通化県大都嶺郷（現・吉林省通化県快大茂鎮）の農家で、一人の男子が産声を上げた。名を高銘久、字は子恒。後に中華民国空軍最強の第四大隊を率いて奮戦し、中国空軍史上における「四大金剛」（※1）の一人に数えられることになる大空の英雄、高志航その人である。

元々は山東省の敬虔なカトリック教徒だった高家は、祖父の代で義和団事件に巻き込まれて東北まで逃げ落ち、小作人として働きながら高麗人参を掘って家計の足しにするという極貧の家だった。紙を買う金もなく、幼い日の銘久は焚き火の灰を広げて字を書く練習をしていたという。

奉天中学、ついで奉天中仏学校に進んだ銘久だったが、官費で家計を支えるため、そして愛国へ身を捧げるために軍人の道を志し、奉天軍閥が運営していた東三省陸軍講武堂へ入校する。

身長が低かった銘久はフランス留学の選抜から洩れかけたが、中仏学校時代に習得したフランス語で嘆願書を書き上げ、さらに大空への決意を示すために名前を銘久から「志航」に変えて（※2）訴えた結果、見事にフランス行きの切符を手に入れた。

モラーヌ・ソルニエ航空学校、続いてフランス陸軍飛行学校で飛行技術を身につけた志航は、フランス陸軍第21戦闘飛行隊で実習教育を受けた後の1927年に帰国。東北軍少尉として東北航空処飛鷹隊に配属された。

各地の軍閥が覇を競う内戦の空を飛ぶ中で、志航は運命的な出会いを果たす。内蒙古で任務についていた志航は、偶然入った店で給仕をしていた白系ロシア人（※3）の女性カリアに一目惚れし、ほどなく二人は結婚して子供を授かるのだ。

二人はどこまでも愛し合っていた。志航は当時すでに飛鷹隊の隊長になっていたが、出撃の際には必ず家

※1　他の3人は同時期に活躍した楽以琴、劉粋剛、李桂丹。
※2　改名の時期については諸説あるが、ここでは高麗良の証言に拠った。
※3　ロシア革命後の共産主義体制に反対して国外に亡命したロシア人のこと。白系とは共産主義を象徴する赤に対する意。

の上を低空で飛び去り、カリアが白い洗濯物を振って見送るのがいつもの風景だった。また、志航は愛妻に合わせて欧風の生活スタイルを通し、帰宅した際には玄関先でカリアを抱きしめながらキスをしたという。

だが戦火の中で育まれた彼らの幸せな生活は、わずか3年で途切れる。満州事変の勃発により志航は奉天を追われ、カリアは二人の娘を高家に預けて夫の後に続いた。

国民政府軍の航空隊に所属した志航だったが、当時の規定では将校と外国人女性の結婚は一切許されておらず、二人は郊外に家を借りて密かに生活を送り続ける。しかし、これを知った国府軍中央は志航の弁明を一切聞かず、カリアを国外追放してしまったのである。愛する者と引き裂かれた志航にとって、その悲憤は如何ばかりだったろうか。

志航とカリアは、その後二度と会うことは叶わなかった。「カリア」という名は志航がつけた愛称であり、本名不明の彼女の消息は1947年のモスクワを最後に途絶えている。

渡洋爆撃に飛来した九六式陸攻を迎撃

1936年、1年間のイタリア視察から帰国した志航は、国府軍航空隊教導総隊の副総隊長に就任。イタリアではベニート・ムッソリーニの前で曲技飛行を披露し、ムッソリーニより直接イタリア空軍への残留を請われるも、これを固辞したという逸話が残る。

1937年8月の第二次上海事変勃発時、志航は航空第四大隊の大隊長として河南省の周家口飛行場にいた。折からの巨大台風の接近により広範囲で悪天候が続き、大雨によって南京の司令部との電話は不通になっていた。直接連絡に向かいたいが、彼の愛機であるカーチスホークⅢではこの嵐の中を飛ぶことはできない。

その時、1機のフォードトライモーター三発機が滑り込んできた。その機は悪天候により現在位置を見失

1930年代半ばの中国空軍戦闘機隊の主力機であったカーチス ホークⅢ複葉戦闘機。アメリカ海軍で採用されたBF2Cゴスホークの輸出型で、ライトR-1820空冷エンジン（770hp）を搭載し、固定武装として7.62㎜機関銃と12.7㎜機関銃を1挺ずつ装備した

った民間機で、やっとの思いで周家口まで辿り着いたのだ。単発機は無理だが、三発機ならこの嵐の中でも飛べる。志航は直ちにトライモーターの操縦席へ乗り込み、怯える米国人パイロットへ炎のようにまくし立てた。

「エンジンを止めるな、この機は私が徴発する！」

「しかし、この嵐の中では……」

「これは中国軍の命令だ、私は第四大隊の指揮官、高志航だ！」

嵐をおして南京の司令部へと乗り込んだ志航は、指令を受け取るとすぐさま周家口へ次のような電報を打った――

『第四大隊の可動全機は8月14日に杭州へ進出。筧橋飛機場にて爆装し、上海在泊の日本艦隊を襲撃せよ！』

そして自らも筧橋に移った志航だったが、到着して早々に防空監視哨から「敵重爆隊接近」の急報が届けられる。部下たちは続々と着陸しつつあったが、もう燃料補給している暇はない。志航は到着した部下たちを直ちに空へUターンさせると、届けられた愛機Ⅳ-1号機に飛び乗って離陸していった。

これは杭州爆撃を企図して台湾から飛来した日本海軍鹿屋航空隊の九六式陸攻、計9機の編隊だった。分厚い雲の只中で、志航は眼前に現れた1機を撃墜。さらに飛行場上空で1機を撃破するも、自らも火災を起こして緊急着陸する。この日行われた杭州迎撃戦は彼我損害比6対0と広く喧伝され（※4）、8月14日は「空軍節」として長く記憶されることになる。

※4　実際には、この日の鹿屋空の喪失は墜落2、大破2の計4機であった。

翌15日、日本艦隊への攻撃準備中にまたもや敵機接近の報告がもたらされ、志航は部下たちと共に緊急発進。空母「加賀」の八九式艦攻隊を杭州上空で迎撃し、2機を撃墜したところで自らも右腕に被弾。両足で操縦桿を押さえながら上腕を縛って止血し、左手で操縦桿を握って戦闘を続行した。この日の「加賀」航空隊は出撃機数の三分の一にあたる計10機を失い、一方で中国空軍側の損害はゼロで、二日続けて中国空軍側の圧勝となったのである。

敵機が去ったのを見届けて着陸した志航は、部下たちからの報告をまとめると全機に弾薬補給を指示し、戦隊長の元へ報告に向かった。

「凄いな、大戦果じゃないか！」

「はい。しかし自分は腕を撃たれました。幸い骨には異常が無さそうですが、念のため医師の治療を受けたいと思います」

戦隊長は、驚いた。志航の着陸が余りにスムーズで、その後も平然と受け答えしていたために、誰も彼が被弾していることに気付かなかったのだ！

この戦傷により、志航は40日間の入院加療を申し渡される。しかし治療中も平然としていたその様子や、負傷してもなお空戦場に留まり続けた勇敢さから、志航は三国志の故事にあやかって「関羽の再来」と賞賛され、その愛機Ⅳ－1号機は赤兎馬（せきとば）に例えられることになる。

日本海軍の九六式陸上攻撃機。第二次上海事変当時の最新鋭機で、1937年8月に台北の飛行場から出撃し、長距離を進出して中国大陸内陸部の主要都市を爆撃する「渡洋爆撃」を度々行った

新型機を受領した直後の壮絶な最期

満州の寒村で貧農の倅（せがれ）として生まれ、今や中国空軍最高の英雄として人々から讃えられる存在となった高

志航。だが、その栄光は長くは続かなかった。

1937年9月、南京航空戦のさなかに基地へと帰還した志航だったが、入院生活の中で閃くものがあったらしく、航空委員会の許可を得てホークⅢの全機から爆弾架を取り外した。純粋な防空戦闘機へと生まれ変わった愛機を駆って、試し切りとばかりに九五式水偵1機を撃墜。さらに9月22日、南京上空に侵入した日本海軍の戦爆連合を迎撃し、新鋭の九六式艦戦1機を撃墜する。文字どおり飛ぶ鳥を落とす勢いで5機を撃墜して「撃墜王」の称号を得た志航。しかし悪魔の鎌は、栄光の頂点にいた男の生命を容易く刈り取ってしまうのだ。

11月22日、中ソ不可侵条約の締結によって第四大隊はソ連製戦闘機を受領する運びとなり、1カ月間の機種転換訓練を終えた志航は新たな愛機I-16を駆って周家口飛行場へと帰還した。

だがこの時、近郊の太康飛行場攻撃を目指す木更津航空隊の九六陸攻11機が東から接近しつつあった。太康飛行場に機影が無いことを見た陸攻隊は、直ちに目標を周家口に変更。これが偶然にも防空監視哨を迷わせて奇襲効果を生み、警報が出た時にはすでに陸攻隊が周家口上空へさしかかっていたのだ。

志航は直ちに愛機へ飛び乗り、エンジンを始動しようとするが、かからない。慣れない新型機で長距離飛行をした直後で、一時的にエンジンが不調になっていたのかもしれない。なおも整備員を叱咤(しった)しつつ始動を試みる志航だったが、その姿はすぐに林立する爆炎の向こうに隠れ、やがて砕け散ったI-16の残骸と右主翼の上に斃(たお)れた志航の姿が煙の中から現れたのである。

大空の英雄と謳われた男の、壮烈な最期であった。享年29。

生涯で三度の結婚をした志航は、二人目の妻であるカリアとの間に二女を、三人目の妻である葉容然との間には一男一女をもうけていた。その内、カリアとの間に生まれた長女の高麗良は後年、通化県の生家に父を称える「高志航烈士記念館」を創立している。

【著者紹介】

有馬桓次郎（あるま・かんじろう）

小説家・近代史研究家。『ミリタリー・クラシックス』誌を中心に近代軍事史の記事を執筆する傍ら、作家として歴史・ファンタジー分野の小説作品を出版。近年は海軍糧食史について研究を進め、呉や横須賀の料理店に海軍料理のレシピを提供するなど普及活動にもあたっている。

●著書

『ステラエアサービス　曙光行路』（KADOKAWA）
『ステラエアサービス2　霧幻邂逅』（KADOKAWA）
『海軍さんの料理帖』（ホビージャパン）
『20世紀の軍人列伝』（イカロス出版）
『世界の名脇役兵器列伝』（イカロス出版）
『世界の名脇役兵器列伝エンハンスド』（イカロス出版）
『世界の名脇役兵器列伝レヴォリューションズ』（イカロス出版）
『奮闘の航跡「この一艦」』（イカロス出版）

激動の時代を生きた

軍人たちの決断

2023年6月10日発行

著　者 ―――――― 有馬桓次郎
装丁／本文デザイン ―― 村上千津子
編　集 ―――――― 野地信吉
発行人 ―――――― 山手章弘
発行所 ―――――― イカロス出版株式会社
〒101-0051
東京都千代田区神田神保町 1-105
［電話］出版営業部 03-6837-4661
［URL］https://ikaros.jp/
印　刷 ―――――― 図書印刷株式会社
Printed in Japan